Ifueko, Oghogho Ukponmwan

A natureza antifúngica de Bacillus Spp: Um olhar sobre o inhame branco

Ifueko, Oghogho Ukponmwan

A natureza antifúngica de Bacillus Spp: Um olhar sobre o inhame branco

ScienciaScripts

Imprint

Cover image: www.ingimage.com

This book is a translation from the original published under ISBN 978-3-659-88862-5.

Publisher:
Sciencia Scripts
is a trademark of
Dodo Books Indian Ocean Ltd. and OmniScriptum S.R.L publishing group

120 High Road, East Finchley, London, N2 9ED, United Kingdom
Str. Armeneasca 28/1, office 1, Chisinau MD-2012, Republic of Moldova, Europe
Managing Directors: Ieva Konstantinova, Victoria Ursu
info@omniscriptum.com

Printed at: see last page
ISBN: 978-620-8-54483-6

ÍNDICE DE CONTEÚDOS

RECONHECIMENTO

Agradeço a Deus todo-poderoso por me ter dado sabedoria e força para levar a cabo este trabalho.

Agradeço também aos autores cujos materiais são citados neste trabalho. Eles serviram como ponto de referência. Agradeço de coração à minha família.

1. INTRODUÇÃO

O inhame é uma planta monocotiledónea pertencente ao género Dioscorea da família Dioscoreaceae. O inhame serve de alimento básico para muitas famílias nas regiões tropicais, incluindo a Nigéria. A FAO (1989) estimou que a produção mundial de inhame é de cerca de vinte milhões de toneladas por ano. Durante a colheita, muitos inhames não são completamente consumidos e, como tal, são armazenados em celeiros, onde ocorrem muitas perdas pós-colheita causadas por insectos, nemátodos, roedores, respiração de tubérculos dormentes, perda de água por evaporação, germinação e ataque microbiano (Korada et al 2010; Grolleand 1997 e Swain et al 2008).

As perdas pós-colheita devidas à podridão microbiana são responsáveis pelas maiores perdas de tubérculos de inhame durante o armazenamento (Ugwanyi e Obeta 1996), sendo os fungos responsáveis por uma perda maior do que qualquer outra causa isolada (FAO, 1998). Os principais microorganismos associados à podridão de armazenamento do inhame na Nigéria incluem Botryodiploidia theobromae , Penicilium oxalicum, Penicillium sclerotigenum, Fusarium moniliforme var substutinans, Rhizoctonia e Serratia spp. (Ezeibekwe e Ibe 2010).

O inhame também é conservado com produtos químicos, tais como fungicidas e agentes anti-germinação, mas os deméritos da utilização de produtos químicos não podem ser demasiado enfatizados. (Okigbo, 2005; Swainet al 2008)

Espécies de bactérias, incluindo Bacillus, Pseudomonas, Serratia e Arthrobacter, foram comprovadas no controlo de doenças fúngicas (Handelsman e Stabb, 1996), que é um dos principais constituintes da parede celular dos fungos, desempenham um papel importante no controlo biológico das podridões fúngicas (Mitchell e Alexander 1962). Foi relatado que fungos como Trichoderma e bactérias como Bacillus, Serratia e Alteromonos têm atividade quitinolítica (Trachuck et al 1996; Basha e Ulaganathan, 2002). As espécies não patogénicas de Bacillus do solo oferecem várias vantagens em relação a outros organismos, uma vez que formam endosporos e, por conseguinte, podem tolerar condições extremas de pH, temperatura e osmose.

DECLARAÇÃO DO PROBLEMA

Os pesticidas químicos têm sido usados para controlar doenças nas culturas, mas isto tem sido repleto de poluição ambiental, a acumulação de resíduos perigosos nos alimentos e pode induzir estirpes mais tolerantes dos agentes patogénicos, limitando assim a sua utilização. Métodos não químicos, como o armazenamento a baixa temperatura, mostraram-se promissores não só na redução da podridão microbiana do inhame, mas também na redução da perda de energia nos tubérculos, retardando a germinação. No entanto, a ocorrência de lesões por arrefecimento a temperaturas inferiores a 12°C, juntamente com os custos elevados e a necessidade de um fornecimento fiável de eletricidade, impediram a sua adoção pelos produtores de inhame e transformadores de alimentos na Nigéria.

OBJECTIVO DO ESTUDO

Este estudo investigou a atividade antifúngica de Bacillus Spp no controlo da podridão fúngica pós-colheita do inhame branco (Dioscorea rotundata).

2. REVISÃO DA LITERATURA

CLASSIFICAÇÃO CIENTÍFICA DE Bacillus

Domínio - Bactérias, Divisão - Firmicutes, Classe - Bacilos, Ordem - Bacillales, família - Bacillaceae, Género - Bacillus. (Cohn, 1872)

As espécies de Bacillus constituem um grupo diversificado de bactérias amplamente distribuídas no solo e no ambiente aquático. Bacillus é um género de bactérias Gram-positivas, em forma de bastonete, e um membro da divisão Firmicutes. As espécies de Bacillus podem ser aeróbias obrigatórias ou anaeróbias facultativas, e testam positivo para a enzima catalase (Turnbull, 1996). Ubíquo na natureza, Bacillus inclui tanto espécies de vida livre como espécies patogénicas. Em condições ambientais de stress, as células produzem endosporos ovais que podem permanecer dormentes durante longos períodos. Estas caraterísticas definiram originalmente o género, mas nem todas estas espécies estão intimamente relacionadas e muitas foram transferidas para outros géneros (Madigan e Martinko, 2005)

Foi demonstrado que os organismos Bacillus produzem antibióticos. A maior atividade antibiótica foi observada em Bacillus subtilis MH-4. A atividade óptima ocorre a uma temperatura de 37°C e a um pH alcalino de 8. O glicerol é a fonte óptima de carbono e o ácido L-glutâmico é a fonte óptima de azoto. (Bottone e Peluso, 2003) O antibiótico bacitracina foi determinado como sendo eficaz apenas em bactérias Gram-positivas (Jamil 2007). Outros antibióticos que foram produzidos por Bacillus subtilis são a polimixina, a difficidina, a subtilina e a micobacilina; a polimixina é eficaz contra bactérias Gram-negativas, enquanto a difficidina tem um espetro mais alargado (Todar,

2011).

O Bacillus subtilis segrega enzimas, "tais como amilase, protease, pululanase, quitinase, xilanase, lipase, entre outras. Estas enzimas são produzidas comercialmente e esta produção enzimática representa cerca de 60% das enzimas industriais produzidas comercialmente" (Morikawa 2006).

Muitas espécies de Bacillus são capazes de segregar grandes quantidades de enzimas. O Bacillus amyloliquefaciens é a fonte de um antibiótico natural, a proteína barnase (uma ribonuclease), a alfa amilase utilizada na hidrólise do amido, a protease subtilisina utilizada com detergentes e a enzima de restrição BamH1 utilizada na investigação do ADN. Uma parte do genoma do Bacillus thuringiensis foi incorporada nas culturas de milho. Os OGM resultantes são, portanto, resistentes a algumas pragas de insectos.

Bacillus subtilis é um dos procariotas mais bem compreendidos, em termos de biologia molecular e biologia celular. A sua excelente capacidade genética e o seu tamanho relativamente grande proporcionaram as ferramentas poderosas necessárias para investigar uma bactéria sob todos os aspectos possíveis. Melhorias recentes nas técnicas de microfotografia de fluorescência proporcionaram uma visão nova e surpreendente da estrutura dinâmica de um organismo unicelular. A investigação sobre Bacillus subtilis tem estado na vanguarda da biologia molecular bacteriana e da citologia, e o organismo é um modelo para a diferenciação, regulação de genes/proteínas e eventos do ciclo celular em bactérias (Graumann, 2012).

Duas espécies de Bacillus são consideradas clinicamente significativas: B. anthracis, que causa o antraz, e B. cereus, que causa uma doença de origem alimentar semelhante à do Staphylococcus .(Ryan e Ray, 2004) Uma terceira espécie, B. thuringiensis, é um importante agente patogénico para os insectos e é por vezes utilizada para controlar as pragas de insectos. A espécie tipo é B. subtilis, um importante organismo modelo. É também um notável agente de deterioração alimentar, causando a formação de bolhas no pão e em alimentos afins. Algumas estirpes ambientais e comerciais de B. coagulans podem desempenhar um papel na deterioração alimentar de produtos altamente ácidos à base de tomate. Uma forma fácil de isolar Bacillus é colocar solo não esterilizado num tubo de ensaio com água, agitar, colocar em ágar-sal de manitol derretido e incubar à temperatura ambiente durante pelo menos um dia.Jamil, 2007) As colónias são geralmente grandes, espalhadas e de forma irregular. Ao microscópio, as células de Bacillus aparecem como bastonetes, e uma parte substancial geralmente contém um endósporo oval numa das extremidades, tornando-o protuberante.

A parede celular do Bacillus é uma estrutura no exterior da célula que forma a segunda barreira entre a bactéria e o ambiente, ao mesmo tempo que mantém a forma de bastonete e suporta a pressão gerada pelo turgor da célula. A parede celular é composta por ácidos teicóico e teichurónico. A B. subtilis é a primeira bactéria para a qual foi identificado o papel de um citoesqueleto semelhante à actina na determinação da forma da célula e na síntese de peptidoglicanos, e para a qual foi localizado todo o conjunto de enzimas sintetizadoras de peptidoglicanos. O papel do citoesqueleto na geração e manutenção da forma é importante. (Cohn, 1872)

Os agentes de controlo biológico são potenciais alternativas aos fungicidas químicos atualmente utilizados na agricultura para combater as doenças das plantas. As estirpes de Bacillus sp. são um exemplo de um agente de controlo biológico fúngico seguro e promissor. Bottone e Peluso (2003) relataram a produção de um composto por Bacillus pumilus (MSH) que inibe espécies de Mucoraceae e Aspergillus. A atividade fungicida foi demonstrada por lawn-spotting e por difusão através de membranas Millipore de 0,45 µm colocadas em ágar sangue de ovelha a 5 %, ágar nutriente, ágar tripticas e soja e ágar Mueller-Hinton, seguido de inoculação de esporos na superfície de ágar subjacente sem bactérias. Com qualquer uma das técnicas, as zonas de inibição fúngica correlacionaram-se com a zona de hemólise produzida por B. pumilus (MSH). O composto ativo inibiu a germinação dos esporos de Mucor e Aspergillus e abortou as hifas alongadas, presumivelmente induzindo uma lesão da parede celular. A atividade antifúngica foi estável em ágar durante um mínimo de 8 dias, resistente à degradação da Pronase e parcialmente inactivada pela exposição ao clorofórmio e a pH 5,6. A sua massa molecular foi determinada por difusão através de membrana de diálise como sendo de 500-3000 Da.

Na procura de anti-infecciosos produzidos por espécies de Bacillus, especialmente Bacillus cereus, Bacillus subtilis e Bacillus licheniformis, foram descritos vários compostos antifúngicos, principalmente péptidos (Katz e Demain, 1977; Kugler et al., 1990; Lebbadi et al., 1994; Shosi, 1978; Silo-Suh et al., 1994). Ao investigar a flora microbiana de uma esponja sintética seca, usada, por inoculação por toque em ágar sangue de ovelha a 5 %, verificou-se o crescimento concomitante de Bacillus pumilus e de uma espécie de Mucor após 24 horas de incubação. Nas áreas onde as colónias de B. pumilus se desenvolveram por acaso, quer adjacentes a uma colónia de Mucor, quer no centro da mesma, era visível uma zona de inibição do crescimento do fungo. O relatório preliminar descreve algumas das caraterísticas biológicas do composto antifúngico de B. pumilus, incluindo a sua atividade contra espécies de Mucoraceae e Aspergillus, caraterísticas físico-químicas parciais e um modo de ação sugerido.

Bottone e Peluso (2003) afirmaram ainda que o composto produzido por B. pumilus (MSH) tem atividade fungicida contra Mucoraceae e Aspergillus spp. O composto é de baixa massa molecular e inibe a germinação de esporos e o alongamento de hifas, tornando-o versátil na profilaxia potencial contra, e no tratamento de, infecções oportunistas causadas pelos agentes patogénicos fúngicos angioinvasivos acima referidos. A purificação e a caraterização molecular do composto podem levar ao desenvolvimento de um antifúngico inovador numa área de necessidade clínica.

Basha e Ulaganathan (2002) investigaram uma bactéria do solo, Bacillus specie estirpe BC121 isolada da rizosfera do sorgo, e descobriram que a estirpe Bacillus tinha uma elevada atividade antagónica contra Curvularia lunata . Observaram uma zona de inibição clara de 0,5-1 cm utilizando o ensaio de placa dupla. Observaram ainda que, após dez dias de incubação, a estirpe de bactérias cresceu sobre a superfície micelial do fungo e multiplicou-se extensivamente sobre ela. As observações de microscopia eletrónica de varrimento mostraram uma lise clara das hifas e a degradação da parede celular do fungo. Os dois trabalhadores também observaram que, em culturas duplas, a estirpe Bacillus BC121 inibiu a C lunata até 60% em termos de peso seco. Esta estirpe também produziu uma clara região de halo em placas de meio de ágar quitina contendo 0,5% de quitina coloidal, indicando que excreta quitinase.

Okigbo (2005) também relatou uma investigação do potencial do isolado de Bacillus subtilis do solo da exploração de inhame para controlar a podridão do inhame em celeiros de armazenamento. Os tubérculos de inhame que foram inoculados com B. subtilis não apresentaram podridão, enquanto os inoculados com Aspergillus niger, Botryodiploidia theobromae ou Penicillium oxalicum apresentaram uma podridão considerável. O conjunto de inhames em que B. subtilis e o fungo i foram inoculados simultaneamente produziu podridão, ao passo que aqueles em que B. subtilis foi inoculado um dia antes de o fungo i ser inoculado apresentaram podridão totalmente reduzida ou isenta de podridão. Foram isolados muito menos fungos da superfície dos tubérculos tratados com B. subtilis do que dos não tratados (controlo) e houve uma elevada recuperação de B. subtilis (99-100%) durante o período de armazenamento. O apodrecimento foi mais rápido nos tubérculos de controlo não inoculados ou nos inoculados com um fungo de deterioração, ao passo que os tubérculos tratados com o antagonista apresentaram uma redução total ou ausência de apodrecimento. O filtrado de cultura de B. subtilis impediu a germinação de esporos em alguns fungos de deterioração.

Constantinescu et al (2011) investigaram o controlo biológico de doenças transmitidas pelo solo utilizando pesticidas microbianos que suprimem os agentes patogénicos das plantas como uma ferramenta atraente para a horticultura e a agricultura. Fusarium oxysporum. radicis- lycopersici e Pythium ultimum ocorrem frequentemente em condições de estufa (principalmente a 25-27°C e 80-100% de humidade do solo), afectando as plântulas de tomate e causando a podridão dos rebentos e das raízes. O biocontrolo de fungos fitopatogénicos por Bacillus subtilis é realizado por antibiose, resistência sistémica induzida, competição por nutrientes e nichos ou promoção do crescimento das plantas. Constantinescu et al., 2011, trabalharam com cinco estirpes de Bacillus subtilis, Bs57, Bs45, Bs30, BsA1 e Bs98, que foram selecionadas para atividade antagonista contra Fusarium oxysporum, radicis-lycopersici e Pythium ultimum in vitro e analisaram a sua capacidade de biocontrolo in vivo em condições de estufa. Os resultados mostraram que a maior eficácia, igual à do controlo químico, thiram 70% (4 g/kg), foi conferida pelas estirpes Bs30 contra P. ultimum (83%) e Bs98 contra F. oxysporum (88%). Estas duas estirpes reduziram significativamente os sintomas da doença e também promoveram o crescimento das plantas de tomate.

Mateescu et al (2004), relataram que B.subtilis B2, B. licheniformis B40, B.subtilis mB2.9, B. subtilis tB2.2, B. licheniformis mB40.5, B. licheniformis tB40.2, mostraram actividades antibióticas in-vitro contra duas estirpes de Alternaria tenuis depois de terem sido submetidas a um teste de vaso para investigar a sua capacidade de proteger a planta contra doenças fúngicas.

Melent'ev et al, (2006) referiram que alguns bacilos antagonistas inibiam o crescimento e o desenvolvimento de fungos de decomposição da madeira in vitro e levavam à formação de esferoplastos nas hifas em crescimento. Um estudo do possível envolvimento de enzimas micolíticas bacilares na inibição de fungos de decomposição da madeira demonstrou a seletividade do seu efeito lítico, que foi determinado pelo género e espécie de micromicetes e não se correlacionou com a sua resistência relativa aos antagonistas.

Okigbo (2004) opinou que a podridão microbiana causa perdas de armazenamento e os agentes patogénicos entram através de feridas ou cortes e aberturas naturais nas superfícies dos tubérculos. A podridão no armazenamento começou provavelmente no campo e progrediu no armazenamento. Isto pode acontecer quando os tubérculos infectados não apresentam sintomas externos perceptíveis. Cada tipo de podridão é caraterístico do seu organismo causal. Além disso, verificou-se que a incidência de podridão varia consoante as espécies e variedades de inhame. A podridão varia devido a variações na distribuição dos microrganismos. As perdas de inhames armazenados devido à podridão são elevadas na Nigéria. A avaliação da podridão em diferentes partes da Nigéria mostrou que a extensão da podridão variava de 0,5-18% na colheita, enquanto a podridão de armazenamento variava de 3-25% (Jones, 1985)

O apodrecimento microbiano dos tubérculos de inhame é responsável por uma proporção substancial das perdas anuais na produção de inhame na Nigéria (Nnodu e Nwankiti, 1986 como citado em Okigbo, 2004). Os fungos que estão associados a perdas de armazenamento são Botryodiploidea theobromae, Fusarium moniliforme, Penicillium sclerotigenum, Rosellina bundodes, Aspergillus niger, Hendersonula toruloidea, Macrophomina phaseoli, Rhizopus nososus. Outros fungos que foram relatados como invasores secundários são fusarium oxysporium, cladosporim sphe arospermum, fusarium solani, Geotrichum candidum (Ayesu e Coursey1972 como citado em Okigbo, 2004) Vários fungos de deterioração foram isolados de inhames apodrecidos. Os fungos mais frequentes são Penicillium oxalicum, Trichoderma viride e F. oxysporum. O teste de patogenicidade efectuado por Okigbo e Emeka (2005) revelou que três fungos de deterioração (F. oxysporum, A. niger e A. flavus) induzem a podridão do inhame, sendo o A. niger o mais virulento.

CLASSIFICAÇÃO CIENTÍFICA DO INHAME

Reino	Plantae
Ordem	Dioscoreales
Família	Dioscoreales
Género	Dioscorea

Inhame é o nome comum de algumas espécies de plantas do género Dioscorea (família Dioscoreaceae) que formam tubérculos comestíveis. Trata-se de trepadeiras herbáceas perenes cultivadas para o consumo dos seus tubérculos ricos em amido em África, na Ásia, na América Latina, nas Caraíbas e na Oceânia. Existem muitas cultivares de inhame. Embora a batata-doce (Ipomoea batatas) também tenha sido referida como inhame em algumas partes dos Estados Unidos e do Canadá, não faz parte da família Dioscoreaceae, mas sim da família Convolvulaceae (Ray, 2000).

O inhame verdadeiro é um legume versátil. Pode ser grelhado, assado, frito, grelhado, cozido, assado, fumado e, quando ralado, pode ser transformado numa receita de sobremesa. O inhame é a cultura principal do povo Igbo da Nigéria. Na sua língua, é conhecido como ji, e comemoram-no com festivais de inhame conhecidos como Iri-ji ou Iwa-Ji, consoante o dialeto. O inhame é um produto agrícola primário e culturalmente importante na África Ocidental, onde é colhida mais de 95% da colheita mundial de inhame. O inhame continua a ser importante para a sobrevivência nestas regiões. Algumas variedades destes tubérculos podem ser armazenadas até seis meses sem refrigeração, o que os torna um recurso valioso para o período anual de escassez de alimentos no início da estação das chuvas. As cultivares de inhame também são cultivadas noutros países tropicais húmidos (Ihekoronye e Ngoddy, 1985).

Os tubérculos de inhame podem crescer até 1,5 metros de comprimento e pesar até 70 quilogramas, com 3 a 6 polegadas de altura. O vegetal tem uma pele áspera que é difícil de descascar, mas que amolece depois de aquecida. A cor da pele varia entre o castanho escuro e o rosa claro. A maior parte do legume é composta por uma substância muito mais macia, denominada "carne". Esta substância varia de cor entre o branco ou amarelo e o roxo ou rosa nos inhames maduros. (Okigbo, 2005) Devido à sua abundância e importância para a sobrevivência, os inhames são muito apreciados nas cerimónias jamaicanas e fazem parte de muitas cerimónias da África Ocidental. (Dumont e Vernier, 2000) Certas espécies de inhame são uma fonte fitoquímica concorrente. O inhame é utilizado como planta alimentar pelas larvas de algumas espécies de Lepidoptera, incluindo Palpifer sordida. (Dumont e Vernier, 2000)

DESCRIÇÃO DO INHAME

Os inhames são monocotiledóneas, aparentadas com os lírios e as gramíneas. São nativos de África e da Ásia e variam em tamanho, desde uma pequena batata até mais de 60 quilos. Existem mais de 600 variedades de inhame e 95% destas culturas são cultivadas em África (Afokwa e Sefa-Dedeh 2001). Existem muitas cultivares de inhame nas regiões tropicais húmidas. As mais importantes do ponto de vista económico incluem Dioscorea rotundata e D cayenesis.

Dioscorea rotundata e D. cayenensis

A Dioscorea rotundata, o "inhame branco", e a Dioscorea cayenensis, o "inhame amarelo", são originárias de África. São os inhames cultivados mais importantes. No passado, eram consideradas duas espécies separadas, mas a maioria dos taxonomistas considera-as atualmente como a mesma espécie. Existem mais de 200 variedades cultivadas entre elas. O tubérculo do inhame branco tem uma forma aproximadamente cilíndrica, a pele é lisa e castanha e a polpa é geralmente branca e firme. O inhame amarelo tem o nome da sua polpa amarela, cor causada pela presença de carotenóides. O seu aspeto exterior é semelhante ao do inhame branco; a pele do tubérculo é geralmente um pouco mais firme e menos estriada. O inhame amarelo tem um período de vegetação mais longo e uma dormência mais curta do que o inhame branco. São plantas grandes; as videiras podem atingir 10 a 12 metros de comprimento. Os tubérculos pesam, na maioria das vezes, cerca de 2,5 a 5 quilogramas cada um, mas podem chegar a pesar 25 quilogramas. Após 7 a 12 meses de crescimento, os tubérculos são colhidos. Em África, a maioria é esmagada até formar uma pasta para fazer o prato tradicional de "inhame esmagado" (Osunde e Orhevba, 2009).

A Dioscorea alata, chamada "inhame de água", "inhame alado" e "inhame roxo" (não confundir com o "inhame" roxo de Okinawa, que é uma batata-doce), foi cultivada pela primeira vez no Sudeste Asiático. Embora não seja cultivado nas mesmas quantidades que o inhame africano , tem a maior distribuição mundial de qualquer inhame cultivado, sendo cultivado na Ásia, nas ilhas do Pacífico, em África e nas Índias Ocidentais (Dumont e Vernier, 2000). Mesmo em África, a popularidade do inhame de água só perde para o inhame branco. A forma do tubérculo é geralmente cilíndrica, mas pode variar. A polpa do tubérculo é branca e de textura aquosa. Nos Estados Unidos, o inhame aquático tornou-se uma espécie invasora em alguns estados do Sul. Nas Filipinas é conhecido como "ube" e é utilizado como ingrediente em muitas sobremesas doces. Na Indonésia, é conhecido como "ubi". No Vietname, chama-se khoai mi e é utilizado principalmente como ingrediente de sopas. Na Índia, é conhecido como ratalu ou inhame violeta. No Havai, é conhecido como uhi. O uhi foi trazido para o Havai pelos primeiros colonos polinésios e tornou-se uma cultura importante no século XIX, quando os tubérculos eram vendidos aos navios que os visitavam como um alimento fácil de armazenar para as suas viagens (Dumont e Vernier, 2000).

D. opposita

A Dioscorea opposita, o "inhame chinês", é originária da China. A planta do inhame chinês é um pouco mais pequena do que a africana, com as vinhas de cerca de 3 metros de comprimento. É tolerante à geada e pode ser cultivado em condições muito mais frias do que outros inhames. Atualmente, é cultivado na China, Coreia e Japão. Foi introduzido na Europa no século XIX, quando a cultura da batata estava a ser vítima de doenças, e ainda é cultivado em França para o mercado alimentar asiático. Os tubérculos são colhidos após cerca de 6 meses de crescimento. Alguns são consumidos logo após a colheita e outros são utilizados como ingredientes para outros pratos, incluindo noodles, e para medicamentos tradicionais (White, 2003).

D. bulbifera

A Dioscoreabulbifera, a "batata-do-ar", encontra-se tanto em África como na Ásia, com ligeiras diferenças entre as encontradas em cada local. É uma trepadeira grande, com 6 metros ou mais de comprimento. Produz tubérculos; no entanto, os bulbilhos que crescem na base das suas folhas são o produto alimentar mais importante. São do tamanho de batatas (daí o nome "batata de ar"), pesando entre 0,5 a 2 quilogramas. Algumas variedades podem ser consumidas cruas, enquanto outras requerem imersão ou fervura para desintoxicação antes de serem consumidas. Não é muito cultivado comercialmente, uma vez que o sabor de outros inhames é preferido pela maioria das pessoas. No entanto, é popular nas hortas caseiras porque produz uma colheita após apenas quatro meses de crescimento e continua a produzir durante toda a vida da videira, até dois anos. Além disso, os bolbos são fáceis de colher e de cozinhar (White, 2003). Em 1905, a batata-doce foi introduzida na Flórida e, desde então, tornou-se uma espécie invasora em grande parte do estado. O seu crescimento rápido afasta a vegetação nativa e é muito difícil de remover, uma vez que pode voltar a crescer a partir dos tubérculos, e novas videiras podem crescer a partir dos bolbos, mesmo depois de serem cortadas ou queimadas.

D. esculenta

Dioscorea esculenta, o "inhame menor", foi uma das primeiras espécies de inhame cultivadas. É originária do Sudeste Asiático e é a terceira espécie mais cultivada nesse continente, embora seja muito pouco cultivada noutras partes do mundo. As suas vinhas raramente atingem mais de 3 metros de comprimento e os tubérculos são bastante pequenos na maioria das variedades. Os tubérculos são consumidos assados, cozidos ou fritos, tal como as batatas. Devido ao pequeno tamanho dos tubérculos, é possível o cultivo mecânico, o que, juntamente com a sua fácil preparação e bom sabor, pode ajudar o lesseryam a tornar-se mais popular no futuro (White, 2003).

D. dumetorum

Dioscorea dumetorum, o "inhame amargo", é popular como vegetal em partes da África Ocidental; uma das razões é que o seu cultivo requer menos trabalho do que outros inhames. As formas selvagens são muito tóxicas e são por vezes utilizadas para envenenar animais quando misturadas com isco. Diz-se que também foram utilizadas para fins criminosos (White, 2003).

D. trifida

O Dioscorea trifida, o "cush-cush yam", é originário da região das Guianas da América do Sul e é o inhame cultivado mais importante do Novo Mundo. Uma vez que é originário de condições de floresta tropical húmida, o seu ciclo de crescimento está menos relacionado com as alterações sazonais do que os outros inhames. Devido à sua relativa facilidade de cultivo e ao seu bom sabor, considera-se que tem um grande potencial para aumentar a produção.

PRODUÇÃO DE INHAME

O inhame é cultivado em cerca de 5 milhões de hectares em cerca de 47 países nas regiões tropicais e subtropicais do mundo (FAO, 1998). A cultura do inhame começa quando tubérculos de semente inteiros ou porções de tubérculos são plantados em montículos ou cumes, no início da estação das chuvas. O rendimento da cultura depende de como e onde os conjuntos são plantados, do tamanho dos montes, do espaçamento entre plantas, do fornecimento de estacas para as plantas resultantes, das espécies de inhame e do tamanho dos tubérculos desejados na colheita. Os pequenos agricultores da África Ocidental e Central intercalam frequentemente o inhame com cereais e legumes. As sementes de inhame são perecíveis e volumosas para transportar. Os agricultores que não compram novas sementes de inhame, normalmente reservam até 30% da sua colheita para plantar no ano seguinte. As culturas enfrentam a pressão de uma série de pragas de insectos, doenças virais e fúngicas, bem como nemátodos (Osunde, 2008).

O inhame cresce tipicamente durante seis a dez meses e fica em estado de dormência durante dois a quatro meses, dependendo da espécie. As fases de crescimento e de dormência correspondem, respetivamente, à estação das chuvas e à estação seca. Para obter o máximo rendimento, o inhame necessita de um ambiente tropical húmido, com uma precipitação anual superior a 1500 milímetros, distribuída uniformemente ao longo da estação de crescimento. Os inhames branco, amarelo e aquático produzem tipicamente um único tubérculo grande por ano, geralmente com um peso de 5 a 10 quilogramas. A produção de inhame requer muita mão de obra. A cultura tem um baixo rendimento por hectare em comparação com culturas como a mandioca ou a batata-doce. Não é um alimento básico eficiente, dada a quantidade relativamente grande de material de plantação que é necessário e o seu longo período de crescimento. A necessidade de mão de obra do inhame excede a de outras culturas comparáveis. O inhame é também difícil de conservar e armazenar durante longos períodos de tempo. O custo por 1.000 calorias de inhame é quatro vezes maior do que o de outras culturas de raízes e tubérculos (Ray, 2000).

Por estas razões e pelos problemas de armazenamento do inhame colhido, os custos da produção de inhame são elevados e as culturas de inhame estão lentamente a perder terreno para a mandioca e outros alimentos básicos. Apesar destes custos elevados e do baixo valor nutritivo, quando comparado com outros tubérculos e raízes, a cultura do inhame de baixa tecnologia produz anualmente a maior quantidade de calorias e proteínas alimentares por hectare e por estação, em média. Dado o valor nutricional do inhame e a sua grande aceitação cultural em certas partes de África, há interesse em desenvolver conhecimentos que possam melhorar a agricultura do inhame. Em 2010, o mundo colheu 48,7 milhões de toneladas de inhame, 95% das quais foram produzidas em África. A maior colheita de inhame, a nível mundial, foi em 2008, quando o mundo produziu 54 milhões de toneladas métricas de inhame. O rendimento médio anual mundial de inhame foi de 10,2 toneladas por hectare em 2010, o que indica a preferência dos agricultores pela produção de inhame em detrimento de outras culturas de tubérculos, bem como a elevada produtividade da cultura. As explorações de inhame mais produtivas do mundo situavam-se na Colômbia, onde o rendimento médio anual a nível nacional era de 28,3 toneladas por hectare. Estes são os rendimentos médios nacionais; algumas explorações registam rendimentos significativamente superiores a 30 toneladas por hectare, por exemplo para o inhame amarelo; outras explorações registam rendimentos inferiores a 1 tonelada por hectare. (Ray, 2000).

Segundo a FAO (1998), a Nigéria produziu 35 milhões de toneladas métricas de inhame, enquanto a Costa do Marfim produziu 6,9 milhões de toneladas métricas. No mesmo período, o Gana produziu 4,6 milhões de toneladas métricas e o Benim produziu 1,8 milhões de toneladas métricas. O relatório refere ainda que o Togo e os Camarões produziram 0,6 milhões de toneladas métricas e 0,3 milhões de toneladas métricas, respetivamente. A Colômbia, o Brasil e o Haiti produziram 0,2 milhões de toneladas métricas cada.

Apesar das elevadas exigências de mão de obra e dos custos de produção, a procura de inhame por parte dos consumidores é muito elevada em certas sub-regiões de África, o que torna a cultura do inhame bastante rentável para certos agricultores.

COLHEITA DE INHAME

A colheita do inhame na África Ocidental é normalmente feita à mão, com paus, pás ou escavadoras. As ferramentas de madeira são preferidas às metálicas, pois são menos susceptíveis de danificar os frágeis tubérculos; no entanto, as ferramentas de madeira precisam de ser substituídas frequentemente. A colheita do inhame é trabalhosa e fisicamente exigente. Por cada tubérculo de 2-10 kg colhido, é necessário estar de pé, curvado, agachado e, por vezes, sentado no chão dependendo do tamanho do monte, do tamanho do tubérculo ou da profundidade de penetração do tubérculo. Deve-se ter cuidado para evitar danificar o tubérculo, porque os tubérculos danificados não se armazenam bem e estragam-se rapidamente. Alguns agricultores utilizam a estacaria e a cultura mista, uma prática que complica a colheita em alguns casos (Ray, 2000).

Nas zonas florestais, os tubérculos crescem em zonas onde estão presentes outras raízes de árvores. A colheita dos tubérculos implica então o passo adicional de os libertar das outras raízes. Isto causa frequentemente danos nos tubérculos. Os tubérculos aéreos ou bulbilhos são colhidos por arrancamento manual da videira. Os rendimentos podem melhorar e os custos de produção de inhame podem ser mais baixos se a mecanização for desenvolvida e adoptada. Contudo, as práticas actuais de produção de culturas e as espécies utilizadas colocam obstáculos consideráveis à mecanização bem sucedida da produção de inhame, particularmente para os pequenos agricultores rurais. Poderão ser necessárias mudanças profundas nas práticas tradicionais de cultivo, como a cultura mista. A modificação do atual equipamento de colheita de tubérculos é necessária, dada a arquitetura dos tubérculos de inhame e as suas diferentes propriedades físicas (Dumont e Vernier, 2000).

Armazenamento

As raízes e os tubérculos, como o inhame, são organismos vivos. Quando armazenados, continuam a respirar. O processo de respiração resulta na oxidação do amido (um polímero de glucose) contido nas células do tubérculo, que o converte em água, dióxido de carbono e energia térmica. Durante esta transformação do amido, a matéria seca do tubérculo é reduzida. Entre as principais raízes e tubérculos, o inhame corretamente armazenado é considerado o menos perecível. O armazenamento bem sucedido do inhame requer: seleção inicial de inhames sãos e saudáveis; cura adequada, se possível combinada com tratamento fungicida; ventilação adequada para remover o calor gerado pela respiração dos tubérculos; inspeção regular durante o armazenamento e remoção de tubérculos apodrecidos e de quaisquer rebentos que se desenvolvam; proteção contra a luz solar direta e a chuva.

O armazenamento do inhame a baixas temperaturas reduz as taxas de respiração.

Contudo, temperaturas abaixo de 12°C (53,6°F) causam danos através do arrefecimento, provocando uma rutura dos tecidos internos, aumentando a perda de água e a suscetibilidade do inhame à podridão. Os sintomas da lesão por arrefecimento nem sempre são evidentes quando os tubérculos ainda estão no armazenamento a frio. A lesão torna-se percetível logo que os tubérculos são repostos à temperatura ambiente. A melhor temperatura para armazenar o inhame é entre 14-16°C (57,2-60,8°F), com humidade e condições climáticas controladas por alta tecnologia, após um processo de cura. A maior parte dos países que cultivam inhame como alimento básico são demasiado pobres para poderem pagar sistemas de armazenamento de alta tecnologia. A germinação aumenta rapidamente a taxa de respiração do tubérculo e acelera a taxa de diminuição do seu valor alimentar (White, 2003).

Certas cultivares de inhame armazenam melhor do que outras. Os inhames mais fáceis de armazenar são os que estão adaptados ao clima árido, onde tendem a permanecer em estado de dormência de baixa respiração durante muito mais tempo do que as raças de inhame que estão adaptadas a terras tropicais húmidas, onde não necessitam de dormência. O inhame amarelo e o inhame de Cush-Cush têm, por natureza, períodos de dormência muito mais curtos do que o inhame de água, o inhame branco ou o inhame menor. As perdas de armazenamento de inhame são muito elevadas em África, sendo que os insectos, por si só, causam mais de 25% de perda de colheita em 4 meses. (Ray, 2000)

SISTEMAS TRADICIONAIS DE ARMAZENAMENTO DE INHAME FRESCO

Os agricultores da África Ocidental utilizam uma série de métodos de armazenamento.

De acordo com a FAO (1998), um método simples mistura os tubérculos com cinzas de madeira, amontoando-os e cobrindo-os com terra, eventualmente coberta com erva seca como forma de cobertura morta. Do mesmo modo, podem ser armazenados no chão ou em prateleiras em barracões ou cabanas por vezes construídos para o efeito. Durante o armazenamento do inhame, os tubérculos devem ser mantidos secos e afastados do solo; e também protegidos dos fortes raios de sol. Geralmente, os inhames são armazenados com base na sua utilização prevista. Pode ser como semente de inhame ou para consumo. Em partes de Calabar, no sudeste da Nigéria, os inhames são colhidos em setembro ou outubro e pendurados para secar durante cerca de três meses. Depois disso, as sementes de inhame são colocadas dentro de um abrigo e cobertas com uma camada de bananeira ou outras folhas, com a parte superior virada para cima. Em janeiro, os rebentos aparecem geralmente e este método ajuda os inhames a germinar, após o que são plantados no final de janeiro ou fevereiro.

Armazenamento em silos de trincos

Nos campos de inhame que estão localizados longe de povoações humanas, os agricultores constroem silos dentro ou nos lados dos campos. Esta prática poupa mão de obra, que é escassa durante o período de colheita, e também poupa a mão de obra necessária para o transporte durante a colheita. Este tipo de armazenamento, que é praticado principalmente em regiões com uma estação seca pronunciada, é efectuado através da escavação de um fosso cujo tamanho é proporcional à colheita esperada de inhame. O fosso é forrado com palha ou material semelhante. Os tubérculos são então armazenados na camada de palha, quer horizontalmente, quer em cima e ao lado uns dos outros, com a ponta virada verticalmente para baixo. O silo trincheira pode ser construído no subsolo ou com uma parte do armazém acima do solo. Normalmente, é coberto com palha ou outro material semelhante, mas na maioria dos casos é também adicionado uma camada de terra. Os problemas associados a este sistema de armazenamento são basicamente a falta de ventilação e o contacto direto dos tubérculos entre si. Este facto provoca o aquecimento dos produtos armazenados e, consequentemente, a formação de podridão. A estrutura fechada do silo trincheira também não permite o controlo regular dos produtos armazenados. Além disso, o silo oferece um bom refúgio para os roedores, com os correspondentes danos nos produtos armazenados.

Deixar os tubérculos de inhame nas r edes após a maturação

O inhame atinge a maturidade, muitas vezes no início da estação seca, quando o crescimento vegetativo pára, as folhas ficam amarelas e a maior parte da matéria seca da videira do inhame é translocada para o tubérculo, que entra então numa fase de repouso ou de dormência (FAO, 1998). Esta fase de maturidade fisiológica ocorre normalmente cerca de 8 a 11 meses após a plantação e os inhames estão então prontos para a colheita. Em algumas comunidades, o tubérculo pode ser deixado nos sulcos até 4 meses como forma de armazenamento, dependendo da variedade de inhame. Este método de armazenamento normalmente não requer qualquer custo de construção de um armazém. Contudo, não há proteção contra pragas (insectos como térmitas, nemátodos, roedores). Além disso, a exploração não pode ser utilizada para outros fins enquanto durar o período de armazenagem.

Idade de armazenamento dos tubérculos frescos de inhame no celeiro de inhame

Os celeiros de inhame são um tipo comum de armazém de inhame utilizado na Nigéria. O celeiro é, geralmente, construído num terreno aberto, mas, normalmente, está, pelo menos parcialmente, à sombra. Há muitas variações no tipo de estrutura mas, basicamente, consiste em paredes de madeiras verticais, cada uma com 5-10 cm de diâmetro, com 2 a 3 metros de altura e colocadas a cerca de um metro de distância. As madeiras verticais são muitas vezes feitas de árvores serradas que, se não forem descascadas, criarão raízes quando colocadas no solo (Bencini 1991; Ezeike 1995).

De acordo com a FAO (1998), considera-se que isto reduzirá o risco de ataque de térmitas ou de apodrecimento da madeira ao nível do solo. (As madeiras crescidas também ajudarão a fornecer sombra.) Entre as madeiras verticais há barras transversais de madeira de secção mais leve, bambu ou material similar. Os celeiros são cobertos com um telhado de palha e fechados com uma vedação ou um muro para segurança. No interior do celeiro, os tubérculos podem ser amarrados individualmente às madeiras verticais ou dispostos de outra forma para permitir a máxima circulação de ar. O período máximo de armazenamento dos inhames no celeiro é de seis meses. As perdas são registadas como sendo de 10% a 15% durante os primeiros três meses e até 30% a 50% após seis meses. Os celeiros são eficazes para o armazenamento de inhame durante a estação seca, mas assim que a estação das chuvas começa, os tubérculos armazenados nos celeiros tendem a deteriorar-se rapidamente, com o ambiente constantemente húmido a aumentar o apodrecimento dos tubérculos e da estrutura do celeiro. Além disso, com cada chuva, as doenças espalham-se dos tubérculos apodrecidos para os tubérculos saudáveis vizinhos, especialmente os das camadas inferiores. Por esta razão, os agricultores que utilizam celeiros guardam os seus inhames até ao início da estação das chuvas, enquanto os restantes inhames destinados ao consumo são transferidos para dentro de casa e armazenados no chão ou em prateleiras. Aqui estão a salvo das chuvas e também do furto, que é comum durante os meses de escassez de inhame após a época de plantação. A construção de celeiros de inhame para uso durante vários anos também requer custos elevados de factores de produção (madeira para construção).

Plataforma Stor

Por vezes, os inhames são armazenados em plataformas elevadas construídas no campo. Os tubérculos podem ser colocados verticalmente ou horizontalmente, mas é importante que nenhum tubérculo seja colocado em cima de outro. Tal como acontece com o armazenamento em celeiros, a sombra, a ventilação e a inspeção são essenciais no armazenamento em plataformas. Com este método, a ventilação e a inspeção são geralmente mais difíceis de realizar pelo agricultor, especialmente se os tubérculos forem colocados verticalmente e a situação é certamente agravada se os tubérculos forem empilhados a várias camadas de profundidade. Além disso, à semelhança do armazenamento em celeiro, o armazenamento em plataforma exterior é interrompido quando começa a estação das chuvas. Por vezes, recorre-se ao armazenamento em plataformas interiores.

Armazenamento sob telhado protetor cónico

Este tipo de armazenamento é, muitas vezes, montado debaixo de uma árvore sempre verde e sombria. Consiste num telhado protetor cónico feito de caule de milho ou de milho-miúdo, que pode ser alongado. Os tubérculos são colocados uns em cima dos outros sob esta proteção. Este método não requer qualquer investimento financeiro, uma vez que as matérias-primas (talo de milho ou de milho-miúdo) são obtidas no campo do agricultor (FAO, 1990). O trabalho adicional também é limitado. A sombra da árvore faz com que as flutuações de temperatura durante o dia sejam mais suaves durante a noite. O telhado de proteção permite uma ventilação suficiente. Surgem problemas com a possível entrada de insectos e roedores. Para além disso, há também o risco de animais selvagens e domésticos danificarem a construção do telhado em busca de comida, causando danos ao alimentarem-se dos tubérculos, o que pode levar à podridão, uma vez que os tubérculos são muito pequenos.

Os tubérculos são empilhados uns sobre os outros. Além disso, o facto de o telhado cobrir completamente os tubérculos impede um controlo visual regular dos produtos armazenados.

Armazenamento de tubérculos de inhame em viveiros no solo

Os tubérculos de inhame podem ser armazenados, empilhados sobre um tapete de trepadeiras de inhame secas, num monte. Este é normalmente colocado debaixo de uma árvore que dá sombra e o monte é coberto com caules de milho ou de painço ou materiais semelhantes (FAO, 1990). A sombra da árvore equilibra, de certa forma, as flutuações de temperatura que ocorrem ao longo do dia, proporcionando proteção contra o sobreaquecimento dos produtos. Este armazenamento em estruturas pouco ventiladas não permite que os produtos sejam controlados regularmente. Este facto favorece a propagação da podridão, pelo que a duração do armazenamento é estritamente limitada. Os produtos armazenados são igualmente danificados pelos roedores, que podem esconder-se muito bem nos montes.

ALTERAÇÕES DE QUALIDADE DOS TUBÉRCULOS DE INHAME DURANTE O ARMAZENAMENTO

As causas das perdas de armazenamento de tubérculos de inhame incluem a germinação, a transpiração, a respiração, a podridão devida a bolor e bacteriose, insectos, nemátodos e mamíferos (Osunde, 2008). O brotamento, a transpiração e a respiração são actividades fisiológicas que dependem do ambiente de armazenamento, principalmente da temperatura e da humidade relativa (Osunde, 2008). Estas alterações fisiológicas afectam a composição interna do tubérculo e resultam na destruição de material comestível, que, em condições normais de armazenamento, pode frequentemente atingir 10% após 3 meses e até 25% após 5 meses de armazenamento (Osunde, 2008). Investigações sobre as alterações bioquímicas em tubérculos de inhame armazenados mostraram que ocorrem alterações no amido, açúcares e proteínas durante o armazenamento a longo prazo (Afoakwa e Sefa-Dedeh, 2001; Serge e Agbor-Egbe, 1996). Um estudo de tubérculos de inhame (D. dumetorum) armazenados em condições ambientais e em câmaras frigoríficas mostrou uma queda rápida do teor de humidade e de amido e um aumento dos açúcares totais solúveis em álcool e dos açúcares redutores após 72 horas de armazenamento (Afoakwa e Sefa-Dedeh, 2001). A taxa de diminuição do teor de humidade e de amido e a taxa de aumento do teor de açúcar foram mais elevadas nos tubérculos armazenados à temperatura ambiente do que nos armazenados em condições de câmara fria. Observou-se uma tendência semelhante para D rotundata cv. Oshei e D. dumetorum cv Jakiri após 110 dias de armazenamento em condições ambientais, as perdas de peso atingiram 31% nos tubérculos Oshei e 35% nos Jakiri devido a germinação e desidratação. O teor de amido diminuiu em cerca de 3,5-4,5 g/100 g, enquanto os valores de açúcar e fibra aumentaram ligeiramente em ambas as cultivares. Um estudo das alterações físicas, químicas e sensoriais que ocorrem no inhame branco (Dioscorea rotundata) e no inhame amarelo (Dioscorea cayenensis) armazenados durante 150 dias em celeiros tradicionais mostrou perdas de humidade, matéria seca, proteína bruta e ácido ascórbico após 120 dias de armazenamento (Osunde, 2008). A avaliação sensorial classificou os tubérculos armazenados como superiores aos tubérculos frescos. Um estudo semelhante (Osunde et al, 2003) registou uma redução de 17-22% no peso, uma redução de 30-50% na proteína bruta e um aumento de 38-49% no teor de açúcar para duas cultivares de inhame branco (D rotundata) armazenadas num celeiro. Geralmente, nos tubérculos armazenados há uma redução do peso, da proteína bruta, do amido e do conteúdo mineral, enquanto o conteúdo de açúcar e fibra aumenta (Osunde e Orhevba, 2009).

PROBLEMAS DE ARMAZENAMENTO DO INHAME

Apodrecimento: O apodrecimento deve-se principalmente ao efeito de fungos e bactérias. A importância do apodrecimento microbiano na causa das perdas de armazenamento reside na entrada de agentes patogénicos que ocorre através de feridas ou cortes e aberturas naturais na superfície dos tubérculos. Embora tenham sido observadas grandes variações entre as variedades, perdas de peso de 10-20% após apenas três meses de armazenamento, e 30-60% após seis meses não são incomuns, mesmo para tubérculos sãos, e perdas ainda maiores foram observadas se ocorrer infeção por organismos apodrecidos (Ofor et al, 2010). Os alimentos podem servir como um meio para o crescimento de microrganismos e, como resultado, transmitir doenças. Outros microrganismos, se permitirem o crescimento em certos produtos alimentares, produzem substâncias tóxicas que resultam em intoxicação alimentar quando ingeridos. (Bukar et al, 2009)

Respiração e temperatura: As perdas devidas à respiração são elevadas nas regiões tropicais em resultado de condições de temperatura não controladas, tal como foi estabelecido que a taxa de respiração depende da temperatura. As raízes e os tubérculos são organismos vivos e, como tal, respiram. Para que a respiração ocorra livremente, é necessário um fornecimento de oxigénio e o dióxido de carbono e o calor resultantes têm de ser removidos do ambiente dos produtos. Um fornecimento limitado de oxigénio e uma remoção inadequada de dióxido de carbono podem levar a uma asfixia efectiva e à morte do tecido do produto (FAO, 1998).

Brotamento: Uma causa fisiológica de perdas de armazenamento no inhame é a germinação. Esta é a conversão de material de tubérculo comestível em rebentos não comestíveis e é considerada uma perda pós-colheita. A germinação geralmente aumenta com o aumento da temperatura de armazenamento até um certo máximo. A vida de armazenamento dos tubérculos de inhame é finalmente terminada pela quebra de dormência e subsequente germinação. A prática tradicional implica normalmente a quebra dos rebentos emergentes quando têm vinte ou trinta mm de comprimento, a menos que os tubérculos sejam necessários para a plantação. O desenvolvimento posterior dos rebentos é retardado; o prazo de validade é prolongado por algumas semanas e a perda de peso respiratório é reduzida. (Offor et al, 2010)

Pragas: As perdas pós-colheita e de armazenamento são causadas por pragas, que incluem: insectos, nemátodos e animais. As estimativas das perdas de armazenamento de raízes e tubérculos devido a insectos são muito escassas. Os insectos danificam as raízes e os tubérculos de duas formas: abrindo buracos nos tubérculos, reduzindo a quantidade e a qualidade do produto e, por vezes, a capacidade de germinação; e danificando a epiderme, permitindo a entrada de bolores e bactérias no tubérculo (FAO, 1998). As perdas patogénicas quantitativas resultam da decomposição rápida e extensiva dos tecidos do hospedeiro por microrganismos; enquanto as perdas patogénicas qualitativas resultam normalmente de manchas ou doenças superficiais que tornam o produto menos atrativo e reduzem assim o seu valor de mercado (Offor et al, 2010).

Ray (2000), no seu estudo, isolou os microrganismos que causam a maior deterioração dos inhames recolhidos durante um período de dois anos em vários mercados de Orissa, na Índia. Foram isoladas sete espécies de fungos e duas espécies de bactérias (Erwinia sp. e Serratia sp.) de tubérculos de inhame apodrecidos. Aspergillus awamori, A. versicolor, Botryodiplodia theobromae, Fusarium solani, Penicillium decumbens e P. purpurogenum causaram a podridão seca primária, enquanto Rhiz opus oryzae e Serratia sp. causaram a podridão mole primária. Erwinia sp. foi responsável pela podridão mole secundária. A natureza da podridão fúngica dependia da infeção secundária por Erwinia: podridão mole ou húmida quando havia infeção secundária por Erwinia sp. e podridão seca quando não havia.

SIGNIFICADO NUTRICIONAL DO INHAME

A importância do inhame no regime alimentar da população da Nigéria e dos países da África Ocidental não pode ser subestimada. Contribui com mais de 200 calorias por pessoa, por dia, para mais de 150 milhões de pessoas na África Ocidental, ao mesmo tempo que constitui uma importante fonte de rendimento para a população. O inhame é uma cultura atractiva em explorações agrícolas pobres com recursos limitados. É rico em amido e permite muitas receitas. O inhame também está disponível durante todo o ano, o que o torna preferível a outras culturas sazonais pouco fiáveis. Estas caraterísticas fazem do inhame um alimento preferido e uma cultura de segurança alimentar culturalmente importante em alguns países da África subsariana (Afoakwa e Sefa-Dedeh, 2001).

PREPARAÇÃO DE INHAME

Os inhames das espécies africanas devem ser cozinhados para serem consumidos com segurança, porque várias substâncias naturais presentes nos inhames crus podem causar doenças se consumidos. (O contacto excessivo da pele com fluidos de inhame não cozinhados pode causar comichão na pele. Se isto acontecer, um banho frio rápido ou a aplicação de óleo de palma vermelho na parte afetada do corpo fará parar a comichão). O método de cozedura mais comum na África Ocidental e Central é ferver, fritar e assar o inhame. A preparação do inhame cozido implica cortar o tubérculo em cerca de cinco fatias grossas, depois descascar a pele de cada pedaço cortado e cozer a polpa esbranquiçada e amilácea. Quanto mais velho for o inhame, mais pequenos devem ser os pedaços cortados e mais água será necessária para ferver. O inhame cozido é tradicionalmente consumido com óleo de palma, mas também é normalmente servido com um molho como o molho de pimenta ou o molho de palaver. Nas grandes cidades e nas cidades fronteiriças da África Ocidental, o inhame frito com molho de pimenta é uma comida de rua popular e ocupa uma posição semelhante à das batatas fritas e do ketchup na cozinha ocidental. As bolas de inhame (com o mesmo estilo das bolas de carne) também ganharam alguma popularidade na cozinha contemporânea da África Ocidental (Osunde, 2008)

Entre os Akan do Gana, o inhame cozido pode ser esmagado com óleo de palma e transformado em eto, de forma semelhante ao prato de banana matoke, e é servido com ovos. O inhame cozido também pode ser esmagado com um almofariz e pilão tradicionais para criar uma pasta espessa e rica em amido conhecida como iyan ("inhame esmagado") ou fufu, que é consumida com molhos tradicionais como o egusi e a sopa de palmito. Outro método de consumo consiste em deixar os pedaços de inhame cru a secar ao sol. Quando secos, os pedaços adquirem uma cor castanha escura. Estes são depois moídos para criar um pó castanho conhecido na Nigéria como elubo. O pó pode ser misturado com água a ferver para criar uma pasta espessa de amido conhecida como amala, que é utilizada em sopas e molhos locais. Nas Filipinas, a espécie de inhame roxo (Dioscorea alata) é consumida como uma sobremesa adocicada chamada "ube halaya" e é também utilizada como ingrediente noutra sobremesa filipina, o halo-halo. É também utilizado como ingrediente popular para gelados (FAO, 1989).

No Vietname, o mesmo inhame roxo é utilizado para preparar um tipo especial de sopa canh khoai mi ou sopa de inhame gordo. Para tal, é necessário esmagar o inhame e cozê-lo até ficar bem cozido. Na Indonésia, o mesmo inhame roxo é utilizado para a preparação de sobremesas. Para tal, esmaga-se o inhame e mistura-se com leite de coco e açúcar. Os inhames de polpa branca e esbranquiçada são cortados em cubos, cozinhados, levemente fermentados e consumidos como lanche da tarde. Uma exceção à regra da cozedura é o inhame japonês da montanha (Dioscorea opposita), conhecido como nagaimo ou yamaimo (Ofor, 2010), dependendo da forma da raiz. O nagaimo é consumido cru e ralado, depois de uma preparação relativamente mínima: os tubérculos inteiros são brevemente mergulhados numa solução de vinagre e água para neutralizar os cristais de oxalato irritantes que se encontram na sua pele. O vegetal cru é amiláceo e insípido, mucilaginoso quando ralado, e pode ser consumido simples, como acompanhamento, ou adicionado a noodles.

Uma outra variedade de inhame, o Jinenjo, é utilizada no Japão como ingrediente do macarrão soba. No Japão, o inhame roxo é popular como tempura ligeiramente frita, bem como grelhado ou cozido. Além disso, o inhame roxo é um ingrediente comum do gelado de inhame com a sua cor roxa caraterística. Nas regiões centrais da Índia, o inhame (Khamalu ou Chup ri alu) é preparado em fatias finas, temperado com especiarias e frito. Nas regiões do sul da Índia, este legume é um acompanhamento popular do caril de peixe. Em Assam, é conhecido como Kosu (Osunde et al 2003) e em Kannada (Karnataka) é conhecido como "Genasu", normalmente cozido, amassado e ligeiramente temperado com sal. Também consumida na Índia, a Dioscorea alata, uma espécie pigmentada de púrpura, é conhecida como ratalu ou inhame violeta. Na parte meridional, especialmente em Kerala, é possível ver inhames de cor púrpura e branca, conhecidos localmente como "Kaachil ou Kavuttu". No Nepal, a raiz de Dioscorea é tradicionalmente consumida no Mi gh Sankri nti (um festival do meio do inverno). Em nepalês é chamada

Tarul e em Newari Hi. É geralmente cozinhado a vapor e depois cozinhado com especiarias (Osunde andorhevba, 2009).

O "pó de inhame" está disponível no Ocidente em mercearias especializadas em produtos africanos e pode ser utilizado de forma semelhante ao pó de puré de batata instantâneo, embora a preparação seja um pouco mais difícil devido à tendência para formar grumos. O "pó de inhame" é polvilhado numa panela com uma pequena quantidade de água a ferver e mexido vigorosamente. A mistura resultante é servida com um molho aquecido, como o de tomate e piri-piri, que é vertido sobre ela. Para evitar a formação de grumos, o pó e a água são misturados antes de serem levados ao lume e, em seguida, mexidos continuamente enquanto a mistura está a aquecer.

ASPECTOS CULTURAIS DO INHAME

A Festa do Inhame realiza-se normalmente no início de agosto, no final da estação das chuvas. Um feriado popular no Gana, o Festival do Inhame é assim chamado porque o inhame é o alimento mais comum em muitos países africanos. O inhame é a primeira cultura a ser colhida. As pessoas oferecem primeiro os inhames aos deuses e aos antepassados, antes de os distribuírem pelos habitantes da aldeia. Esta é a sua forma de agradecer aos espíritos que estão acima deles.

A Festa do Novo Inhame consiste em orações e agradecimentos pelos anos passados. O inhame é a principal cultura agrícola dos Igbos, Idomas e Tivs. É o alimento "básico" do povo Igbo. O Festival do Inhame Novo, conhecido como Orureshi em Owukpa, na região ocidental de Idoma, e Ima-Ji, Iri-Ji ou Iwa Ji, na região de Igbo, é uma celebração que representa a importância do inhame na vida social e cultural. A festa é muito proeminente nos Estados do sudeste e em todas as principais tribos do Estado de Benue, principalmente por volta de agosto. A celebração é seguida de várias danças culturais com a exibição de máscaras de diferentes clãs ou grupos. Esta cerimónia prolonga-se normalmente até muito tarde. Durante a ocasião, é também um momento de reencontro de velhos amigos e familiares. Tradicionalmente, havia a "Festa do Inhame Novo", que se realizava todos os anos antes do início da colheita em muitas aldeias Igbo antes do colonialismo. Esta festa era realizada para honrar a deusa da terra e os espíritos ancestrais do clã. Os inhames novos só podiam ser comidos depois de alguns terem sido oferecidos a estes poderes. Os registos históricos da África Ocidental e do inhame africano na Europa datam do século XVI. O inhame foi levado para as Américas pelos portugueses e espanhóis pré-coloniais nas fronteiras do Brasil e da Guiana, seguindo-se uma dispersão pelas Caraíbas. O inhame é utilizado na Papuásia-Nova Guiné. O seu cultivo e a sua colheita são acompanhados de rituais e tabus complexos. A vinda dos inhames (uma das numerosas versões de Mare) é descrita em Pene Nengone (Ilhas da Lealdade - Nova Caledónia) (Ofor et al, 2010)

Em muitas sociedades, o inhame é tão importante que se pode falar de uma "civilização do inhame". O cultivo do tubérculo está associado à magia; os melhores devem ser dados ao chefe ou rei; há uma série de mitos ligados a uma origem divina; um agricultor pode ganhar muito prestígio se cultivar o maior ou mais comprido inhame. Em Tonga, os antigos nomes dos meses do ano e os nomes dos dias do mês lunar estavam todos orientados para o cultivo do inhame. Os povos da antiguidade veneravam o inhame. Olhuala é um tipo de inhame local que é um alimento básico nas Maldivas. Na ilha japonesa de Rishiri, o inhame e os produtos derivados do inhame são considerados um remédio popular para o tratamento da impotência, possivelmente devido ao elevado teor de vitamina E do vegetal, mas provavelmente devido à sua evocação de imagens fálicas viris, de acordo com a teoria da medicina popular comum da medicina simpática. (Ezeibekwe e Ibe, 2010)

3. MATERIAIS E MÉTODOS

MATERIAIS

Os materiais utilizados para este estudo são os seguintes:

Inhames brancos saudáveis, inhame branco podre (Dioscorea spp), ágar Sabourraud dextrose de inhame (YSDA), ágar nutriente de inhame (YNA), água peptonada de inhame (YPW)], amostra de solo de uma exploração de inhame.

MÉTODOS

Recolha de amostras

As amostras de solo foram colhidas na exploração de inhame, escavando uma profundidade de 5 cm no solo e utilizando uma espátula esterilizada para colher o solo, que foi depois colocado num recipiente esterilizado e levado para o laboratório. As amostras de inhame podre foram compradas no armazém de grossistas de inhame na cidade de Benim. Foram colocadas em sacos de plástico esterilizados e levadas para o laboratório.

Análise das amostras

Um grama de amostra de solo foi medido em 9 ml de água destilada, colocado num tubo de ensaio e tapado. Este foi colocado num banho de água a ferver durante dez minutos. Foi feita uma diluição em série do líquido e 0,1 ml do fator de diluição três ($1x10^{-3}$) foi pipetado para uma placa de ágar nutriente de inhame (YNA) recentemente preparada e espalhado (Basha e Ulaganathan, 2002). Foram feitas três réplicas destas placas. Incubou-se a uma temperatura de 37°C durante vinte e quatro (24) horas. As placas foram examinadas e os organismos observados foram isolados e identificados utilizando as suas caraterísticas culturais (morfológicas), microscópicas e bioquímicas. Foram identificadas duas espécies de Bacillus e denominadas B1 e B2. Em seguida, foram armazenadas numa lâmina de YNA à temperatura ambiente.

Os fungos foram isolados do inhame branco podre (Dioscorea rotundata). A parte podre do inhame foi cortada e homogeneizada num almofariz e pilão esterilizados. Tomou-se um grama do puré e diluiu-se num tubo de ensaio estéril contendo 9 ml de água destilada. Fez-se uma diluição em série da alíquota e pipetou-se 0,1 ml do fator de diluição três ($1x10^{-3}$) para placas de Yam Sabourraud dextrose agar (YSDA) recentemente preparadas. Foram feitas três réplicas destas placas, que foram incubadas a uma temperatura de 37° C durante quarenta e oito horas. As placas foram examinadas e o organismo cultivado foi identificado utilizando o atlas de fungos (Watanabe, 2002). Foram isolados e identificados três fungos. Em seguida, foram armazenados numa lâmina de YSDA à temperatura ambiente.

ENSAIOS DE IDENTIFICAÇÃO E CARACTERIZAÇÃO

Reação/coloração de Gram,

A coloração de Gram tem a aplicação mais vasta, distinguindo quase todas as bactérias como gram positivas ou gram negativas, consoante resistam ou não à descoloração de violeta de cristal e com iodo.

Fez-se um esfregaço fino dos isolados bacterianos numa lâmina de vidro, secou-se ao ar e fixou-se ao calor passando-o por uma chama de Bunsen. O esfregaço foi coberto com violeta cristalino durante 60 segundos e lavado rapidamente com água limpa. As lâminas foram retiradas de toda a água e cobertas com iodo de Lugol durante 60 segundos. O iodo foi lavado com água limpa e foi descolorido com acetona durante 30 segundos e lavado rapidamente com água limpa. O esfregaço foi então coberto com Safrannin durante 60 segundos e depois lavado com água limpa, a parte de trás das lâminas foi limpa com papel absorvente e as lâminas foram colocadas em suportes de drenagem para secarem ao ar. O esfregaço seco foi examinado microscopicamente com óleo de imersão, utilizando o microscópio de lente objetiva (x100). As células Gram positivas apareceram a roxo, enquanto as células Gram negativas apareceram a vermelho.

Vogu es Pr oskau r test,

Este teste é utilizado para detetar os organismos capazes de produzir um produto final neutro, o acetilmetilcarbinol, a partir da fermentação da glucose ou do seu produto redutor, o butilenoglicol.

Inocularam-se tubos de caldo de glucose peptona tamponado com a cultura e incubou-se a 37°C durante vinte e quatro horas. Adicionou-se sucessivamente a solução de biureto A e B a 1 ml das culturas. Agitou-se bem após cada adição. A reação positiva é indicada por uma cor rosa que aparece após cinco minutos na parte superior do tubo.

Tampão (hidrogenofosfato dipotássico), solução A (a-Neftol e álcool etílico absoluto) e solução B (hidróxido de potássio e água)

Ensaio de hidrólise Star ch,

Muitas bactérias produzem enzimas chamadas hidrolases. As hidrolases catalisam a divisão de moléculas orgânicas em moléculas mais pequenas na presença de água. A molécula de amido é constituída por dois constituintes: a amilose, um polímero de glucose não ramificado (200 a 300 unidades) e a amilopectina, um polímero ramificado de grandes dimensões. Tanto a amilopectina como a amilose são rapidamente hidrolisadas por certas bactérias, utilizando as suas a-amilases, para produzir dextrinas, maltose e glucose.

Foram preparadas placas de ágar nutriente com 15% de amido e semeadas com os isolados de cultura em linha reta. As placas foram incubadas durante 24 horas a 37°C. Deitaram-se várias gotas de iodo de Gram na linha de estrias da placa. Se a área à volta da linha de crescimento for transparente, o amido foi hidrolisado e o teste é positivo; se não for transparente ou se todo o meio ficar azul, o amido não foi hidrolisado e o teste é negativo.

Teste Cata lase,

Este teste é utilizado para demonstrar qual o organismo capaz de produzir a enzima catalase que liberta oxigénio do peróxido de hidrogénio.

Colocou-se uma gota da cultura numa lâmina de vidro limpa e introduziu-se uma gota de peróxido de hidrogénio (6% p/v). A reação foi observada imediatamente. A produção de bolhas de gás indicou a presença de catalase.

Teste de tolerância ao sal a 7%.

Preparou-se caldo de soja tríptico e adicionou-se 7% de sal de mesa (cloreto de sódio).

O caldo foi inoculado com as culturas durante quarenta e oito horas. O crescimento foi indicado pela turvação (turvação), enquanto a transparência significa ausência de crescimento.

Coloração desportiva

Foi feita uma película dos isolados numa lâmina limpa e fixada pelo calor. Deixou-se cair verde de malaquite na lâmina e aqueceu-se sobre uma chama, repetindo-se várias vezes. A lâmina foi e depois lavada com água limpa para remover a mancha verde. A lâmina foi então inundada com Safrannin durante 30 segundos, após o que foi lavada. A lâmina foi seca ao ar e visualizada no microscópio com imersão em óleo e objetiva x100.

Crescimento anaeróbio

Os isolados foram cultivados em água peptonada e incubados numa câmara anaeróbia durante vinte e quatro horas (24H) a uma temperatura de 37°C. Foi observado o crescimento, a turvação indicou crescimento enquanto a transparência indicou ausência de crescimento.

Desenvolvimento do inóculo

Os organismos de teste - bacilos e fungos - foram transferidos das lâminas para caldo (YPW e YSDA respetivamente) e foram incubados a uma temperatura de 37°C durante quarenta e oito horas para os fungos e vinte e quatro horas para as bactérias.

Teste de antagonismo

Invitro

O Bacillus e os fungos foram cultivados em conjunto em placas contendo YSDA recentemente preparado, utilizando o método de emparelhamento (Basha e Ulaganathan, 2002; Okigbo, 2005). Para o efeito, pipetou-se 1 ml da cultura de Bacillus e 0,3 ml da cultura de fungos e colocaram-se simultaneamente na mesma placa, utilizando a técnica da placa de espalhamento. As placas foram incubadas a uma temperatura de 37°C durante seis dias (144Hrs), após o que foram observadas. Para este estudo, foram observados cinco ensaios com três placas cada. As três placas foram inoculadas com fungos B1+ , fungos B2+ e, por fim, fungos B1+B2+. O estudo teve uma placa de controlo contendo apenas os fungos.

Invivo

Esta fase envolveu três ensaios; cada ensaio foi composto por três conjuntos de tratamentos, ou seja, fungos B1+ , fungos B2+ e fungos B1 +B2+ . No primeiro ensaio, cada tratamento foi aplicado em quatro inhames saudáveis, no segundo ensaio, cada tratamento foi aplicado em três inhames saudáveis, bem como no terceiro ensaio, onde os tratamentos também foram aplicados a três inhames saudáveis cada. Os inhames foram inoculados utilizando o seguinte procedimento:

Foi marcado um ponto no inhame; o ponto foi limpo com etanol (70%) em algodão. Foi feito um poço na mancha com uma profundidade de 3,3 cm e um diâmetro de 0,7 cm. Introduziu-se 1 ml de cultura de Bacillus no poço, seguido de 0,5 ml de cultura de fungos. O poço foi selado com os tecidos de inhame que foram removidos durante a perfuração, seguidos de cera de vela esterilizada. O inhame de controlo foi inoculado com a cultura do fungo i (0,5 ml) e também foi selado. No primeiro ensaio, foram inoculados doze inhames. Quatro inhames foram inoculados com fungos B1+ , os quatro inhames seguintes com fungos B2+ e os últimos quatro com fungos B1 +B2+ . O segundo ensaio envolveu nove inhames que receberam os mesmos tratamentos e o terceiro ensaio envolveu nove inhames também com o mesmo tratamento, dando um total de trinta (30) inhames tratados para este estudo. Em seguida, foram colocados à temperatura ambiente no celeiro temporário do laboratório para observação. No final do período de estudo, os inhames foram observados. O inhame foi cortado longitudinalmente ao longo do ponto de inoculação e a extensão da podridão foi obtida calculando a soma da profundidade e da largura da podridão observada no ponto marcado nos inhames amostrados (Okigbo, 2005). A diferença na medição da podridão entre o controlo e as amostras nas quais foram aplicados os tratamentos foi calculada e a diferença foi submetida ao teste t para determinar se a diferença é significativa (Okigbo, 2005).

4. RESULTADOS

As propriedades físico-químicas das bactérias isoladas são apresentadas na Tabela 1. A partir da tabela, observa-se que Bacillus licheniformis e Bacillus subtilis são as duas bactérias isoladas e foram diferenciadas pela localização dos seus esporos, que é central para B licheniformis e subterminal para B subtilis. O crescimento em condições anaeróbias também revelou que o B licheniformis era capaz de crescer enquanto o B subtilis não crescia. Os bacilos foram positivos ao teste de Vogues Proskauer, ao teste da catalase e ao teste da hidrólise do amido.

O quadro 2 mostra o aspeto micro e macroscópico dos isolados de fungos. Assim, foram isolados três fungos, designados por Aspergillus spp, Mucor spp e leveduras. As células de levedura eram globosas, enquanto as células de Aspergillus eram vistas como cabeças de conídios e hifas septadas. O esporangiósporo de Mucor foi visto com hifas não septadas em termos microscópicos. A observação das placas YSDA mostrou colónias negras com padrões radiais de Aspergillus spp. e colónias brancas cotonosas de Mucor spp.

O quadro 3 mostra o tamanho da podridão em dez inhames tratados com uma combinação de Bacillus spp, isto é, B licheniformis e B subtilis. O controlo tinha uma medida de podridão de 6,6 cm, enquanto os inhames tratados apresentavam variações na medida de podridão que iam de 1,5 cm a 6,0 cm. O tamanho da podridão de 2,0 cm foi mais frequente.

O quadro 4 mostra o nível de podridão em dez inhames tratados com B licheniformis.

O menor tamanho de podridão foi de 3,0 cm, enquanto o maior tamanho foi de 6,0 cm. O tamanho da podridão no controlo foi de 6,6 cm. O tamanho da podridão de 3,0 cm foi mais frequente.

O Quadro 5 mostra o nível de podridão em dez inhames tratados com B subtilis. O menor tamanho de podridão foi de 2,3 cm, enquanto o maior tamanho foi de 5,0 cm. O tamanho da podridão do controlo foi de 6,6 cm. Os tamanhos de podridão de 2,3cm e 3,5cm ocorreram mais.

A Tabela 6 é uma matriz do tamanho da podridão observada nos três tratamentos experimentais. Mostra que o tamanho da podridão de 1,5 cm a 3,5 cm ocorreu mais em inhames tratados com B subtilis, seguido de B licheniformis e depois de uma combinação de ambos.

Figure 1 mostra o aspeto microscópico do organismo testado. A fotografia A mostra a cabeça conidial de Aspergillus spp, a fotografia B mostra o esporangiósporo de Mucor, a fotografia C mostra bacilos gram positivos e a fotografia D mostra as hifas septadas de Aspergillus, enquanto a fotografia E mostra as células globosas de leveduras.

Figure 2 mostra placas de antagonismo YSDA onde Bacillus spp está a crescer sobre o tapete de fungos.

Figure 3 mostra placas de controlo YSDA com fungos i e placas de controlo YNA com Bacillus spp.

Figure 4 mostra os inhames tratados cortados/expostos para revelar o seu nível de podridão. Observa-se que o apodrecimento não é generalizado, tendo tendência a seguir o poço/furo de inoculação.

Figure 5 mostra o inhame de controlo sem tratamento. É cortado/exposto para revelar a extensão da podridão, que é grosseira em comparação com os inhames tratados.

Quadro 1: Propriedades físico-químicas dos isolados bacterianos.

Morphology	Gram stain	Catalase test	VP	7% salt tolerance	Starch hydrolysis	Anaerobic growth	Spore stain	Probable organism
Small moist creamy colonies, with entire margins.		-	+	+	+	+	Central	Bacillus licheniformis
Large dry colonies with eroded edges	+ rods	+	+	+	+	-	subterminal	Bacillus subtilis

Tabela 2: Propriedades macroscópicas e microscópicas dos isolados de fungos

Macroscopic characteristics	Microscopic characteristics	Probable organism
Black radially patterned colony.	Dark septate hyphae, radiate conidial head.	Aspergillus spp
White cottony colony later become grey.	Non septate hyphae, sporangiospore	Mucor spp
Pin point smooth, moist and glistening colony	Globose cells	Yeasts

QUADRO 3: NÍVEL DE RAIZ NOS AMÊNDOAS EXPERIMENTAIS (B. subtilis+ B. licheniformis+ FUNGI.

SAMPLE(yam)	DEPTH (L) (cm)	WIDTH (D) (cm)	ROT (L+D) (cm)
A	1.0	3.0	4.0
B	1.0	1.0	2.0
C	0.5	1.0	1.5
D	1.0	1.0	2.0
E	1.5	0.5	2.0
F	3.5	1.0	4.5
G	2.5	1.0	3.5
H	4.0	2.0	6.0
I	3.5	2.0	5.5
J	3.0	2.0	5.0
CONTROL	4.8	1.8	6.6

QUADRO 4: NÍVEL DE RAIZ NOS INHAMES EXPERIMENTAIS (B. lichenifor mis+ FUNGI

SAMPLE(yam)	DEPTH (L) (cm)	WIDTH (D) (cm)	ROT (L+D) (cm)
A	3.0	1.0	4.0
B	2.0	1.0	3.0
C	5.0	1.0	6.0
D	3.0	1.0	4.0
E	3.0	1.0	4.0
F	2.0	1.0	3.0
G	5.0	1.0	6.0
H	3.0	1.0	4.0
I	2.0	1.0	3.0
J	2.0	1.0	3.0
CONTROL	4.8	1.8	6.6

QUADRO 5: NÍVEL DE RAIZ NOS AMOSTROS EXPERIMENTAIS (B. subtilis+

FUNGI

SAMPLE(yam)	DEPTH (L) (cm)	WIDTH (D) (cm)	ROT (L+D) (cm)
A	2.0	0.3	2.3
B	4.0	1.0	5.0
C	3.0	0.5	3.5
D	4.0	0.5	4.5
E	3.0	0.5	3.5
F	2.0	0.5	2.5
G	4.0	1.0	5.0
H	3.0	1.0	4.0
I	3.0	0.3	3.3
J	2.0	0.3	2.3
CONTROL	4.8	1.8	6.6

QUADRO 6: DIMENSÃO DA PODRIDÃO OBSERVADA NAS TRÊS EXP ERIÊN CIAS

SAMPLES	$B_1 + B_2$	B_1	B_2
A	4.0	4.0	2.3
B	2.0	3.0	5.0
C	1.5	6.0	3.5
D	2.0	4.0	4.5
E	2.0	4.0	3.5
F	4.5	3.0	2.5
G	3.5	6.0	5.0
H	6.0	4.0	4.0
I	5.5	3.0	3.3
J	5.0	3.0	2.3
CONTROL	6.6	6.6	6.6

TRATAMENTOS

CHAVE

B_1 Bacillus licheniformis

B_2 Bacillus subtilis

(A)

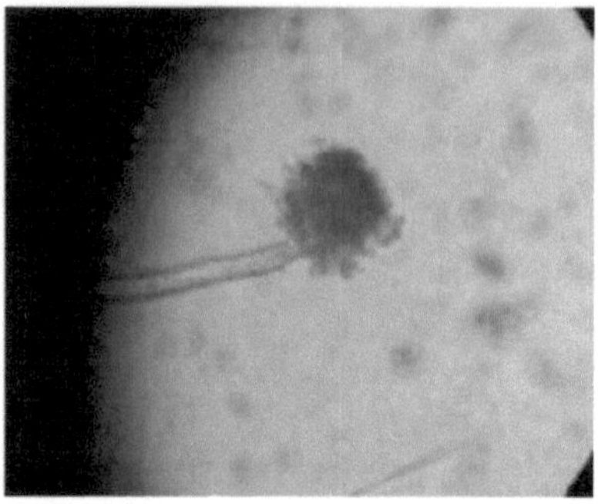

(B)

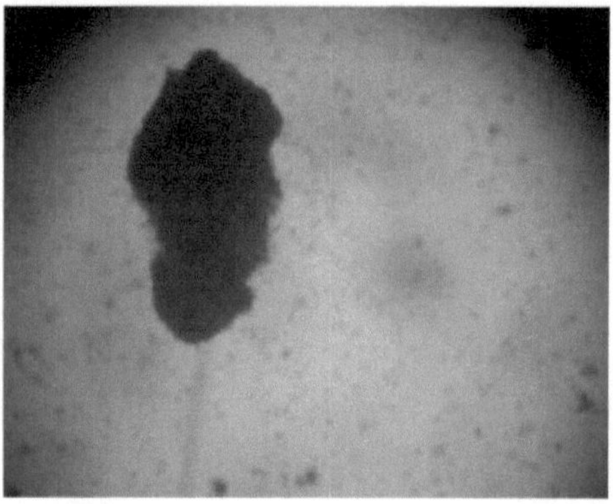

(C)

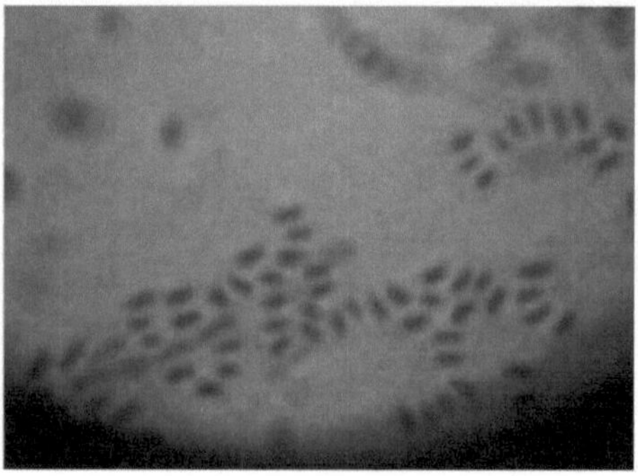

(D)

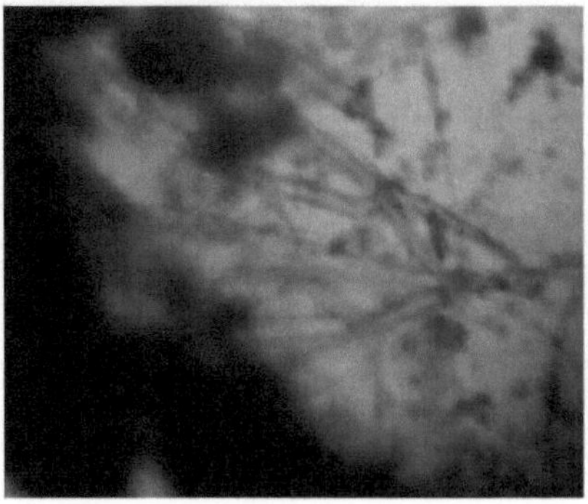

(E)

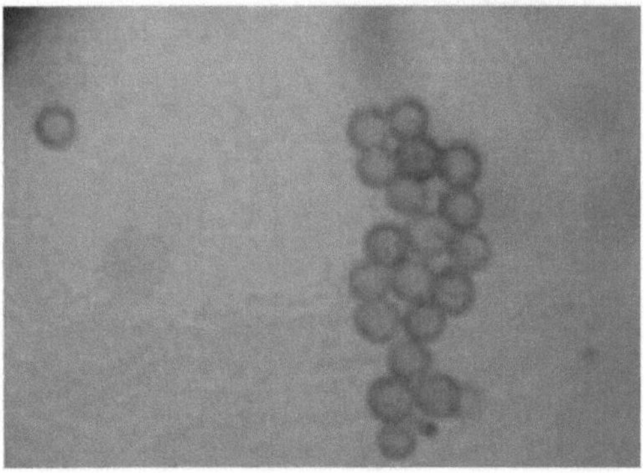

FIGURA 1: ASPECTO MICROSCÓPICO DO TESTE

ORGANISMOS

A= Aspergillus spp, B= Mucor, C=Bacillus spp D= Aspergillus spp, E= Leveduras

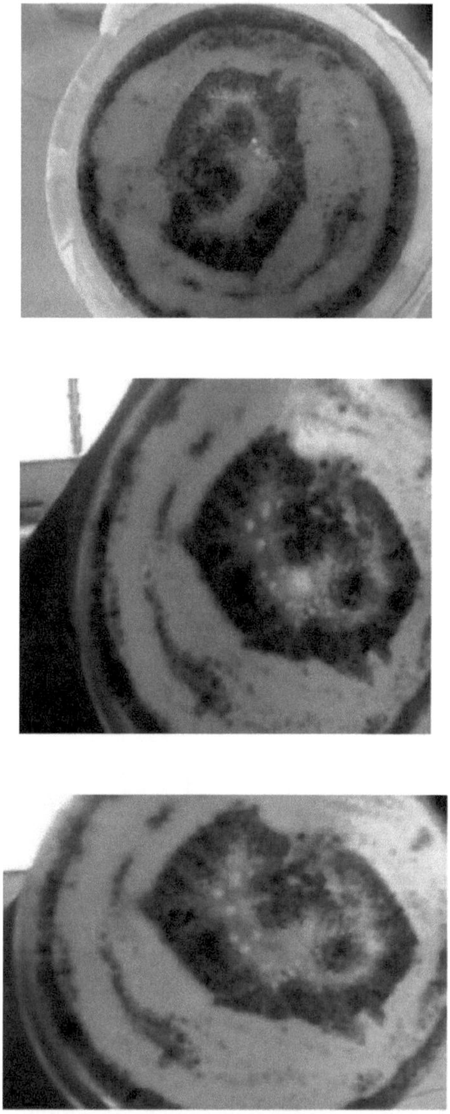

FIGURA 2: PLACAS CONTENDO OS ORGANISMOS DE TESTE EMPARELHADOS

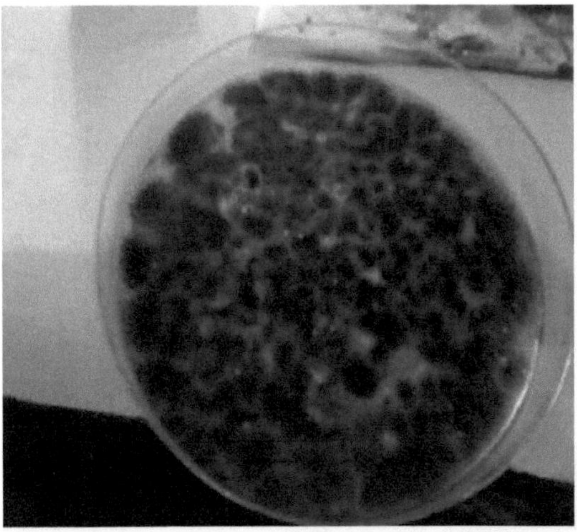

(A)

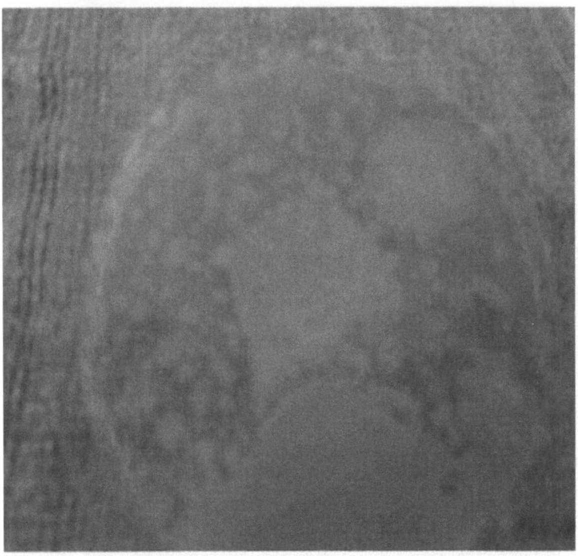

(B)

FIGURA 3: PLACAS DE CONTROLO

A= fungos spp em YSDA, B=Bacillus spp em YNA

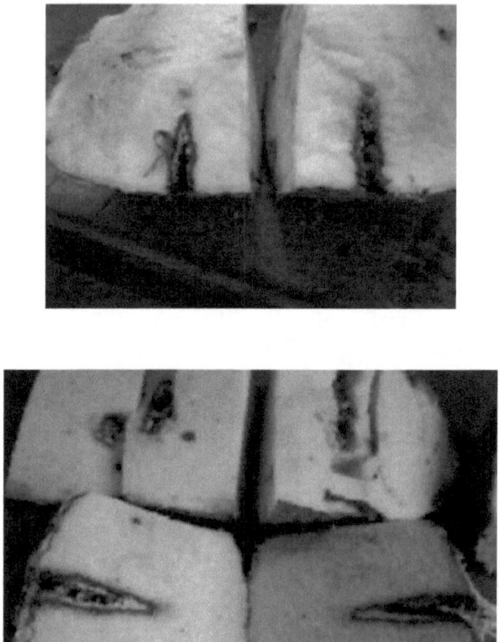

FIGURA 4: INHAMES TRATADOS

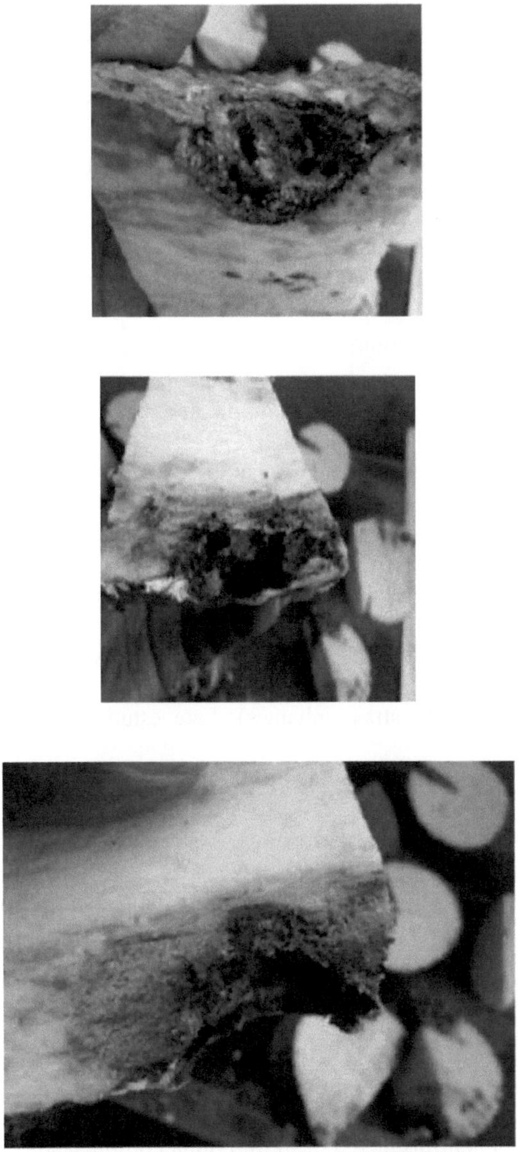

FIGURA 5: INHAME DE CONTROLO

5. DISCUSSÃO

Os resultados apresentados nas Tabelas 1 e 2 mostram que foram isoladas duas espécies de Bacillus do solo. Bacillus licheniformis (B1) e Bacillus subtilis (B2). Aspergillus spp, Mucor spp e leveduras foram isolados do inhame podre. Este facto corroborou o trabalho de Dumont e Vernier, (2000); Ezeibekwe e Ibe, (2010); Ofor, (2010), Okigbo e Emeka, (2005) e Osunde, (2008). Assim, este estudo revelou Aspergillus spp, Mucor e leveduras como fungos de deterioração do inhame. Os resultados nos quadros 3, 4 e 5 mostram o nível de apodrecimento dos inhames testados. Observando o quadro, pode ver-se que o controlo (fungos) apresentou maior apodrecimento do que os outros inhames que continham uma combinação de Bacillus e fungos. A análise estatística mostrou que a presença de Bacillus reduziu significativamente o crescimento do organismo fúngico nas amostras (inhames). Este estudo revelou a capacidade do Bacillus spp para controlar o crescimento de organismos fúngicos (Aspergillus spp, Mucor, leveduras) em inhames armazenados. A sua capacidade antifúngica baseia-se provavelmente no seu crescimento rápido e no seu estabelecimento precoce na amostra (ou seja, na capacidade de crescer rapidamente e dominar o meio), competindo assim intensamente com os fungos por espaço e alimento. Este estudo revelou que os inhames tratados com B. subtilis apresentaram a taxa de controlo mais elevada, seguida do tratamento com B licheniformis e, por último, uma combinação de Bacillus spp. Isto indica que a capacidade do organismo Bacillus para antagonizar o organismo fúngico é melhorada quando são utilizadas espécies únicas ou culturas puras contra o organismo fúngico, em vez de um consórcio de espécies Bacillus,

Okigbo, (2005), Jamil, (2007), Constantinescu, (2011) e Bottone e Peluso, (2003) relataram que havia uma zona de inibição produzida pelo Bacillus, mas este estudo apenas observou a zona de inibição quando os organismos foram emparelhados em meio YNA (Figura 2). Isto implica que as bactérias segregaram substâncias químicas em torno do seu ambiente imediato para afastar os organismos fúngicos, inibindo assim o seu crescimento. Nas placas de YSDA, observou-se um fenómeno diferente: o Bacillus cresceu rapidamente e estabeleceu-se, restringindo o crescimento do fungo (isto é, o Bacillus cresceu no tapete de micélio) (Figura 2), não havendo zona de inibição. Este comportamento também foi registado por Basha e Ulaganathan, (2002). As bactérias provavelmente produziram enzimas quitinolíticas que digerem a quitina, um componente importante da parede celular dos fungos, limitando assim o seu crescimento no meio (Basha e Ulaganathan, 2002). Isto explica a sua incapacidade de se espalharem à volta da placa como fizeram nas placas de controlo. Este comportamento do Bacillus nas placas de YSDA também foi observado nos inhames, onde o fungo causou apodrecimento, mas o apodrecimento foi limitado pela presença do Bacillus, em comparação com o grau de apodrecimento observado no controlo que tinha apenas os fungos de deterioração (Figura 3). O Bacillus é uma bactéria de crescimento rápido que pode estabelecer-se no meio em 18 horas, ao contrário dos fungos, que demoram 48 horas.

Os fungos têm uma taxa de crescimento lenta, necessitando de mais de vinte e quatro horas para se estabelecerem, o que os torna vulneráveis à atividade dos organismos de crescimento rápido - Bacillus. Este carácter é o que foi mostrado na fase invivo onde a presença de Bacillus antagoniza os organismos fúngicos que a extensão da podridão causada nos inhames experimentais foi grandemente diminuída em comparação com o controlo onde não havia antagonista e os organismos fúngicos cresceram livremente causando podridões tremendas. As comparações feitas entre as diferenças no grau de apodrecimento entre as espécies individuais de Bacilus, bem como as combinações dos dois Bacilos usados para este estudo, mostraram que o Bacillus subtilis tinha maior capacidade antifúngica do que o Bacillus licheniformis e também a combinação de Bacillus licheniformis e B subtilis era menos antagónica em comparação com os dois. Este resultado corrobora o trabalho de Basha e Ulaganathan (2002), bem como de Bottone e Peluso (2003), cujos trabalhos foram quase semelhantes.

CONCLUSÃO

Este estudo revelou a capacidade do Bacillus spp para controlar o crescimento de fungos, ou seja, Aspergillus, Mucor e leveduras que causam a deterioração do inhame branco (Dioscorea spp). O crescimento rápido do Bacillus tornou-o um germe útil para controlar estes fungos de deterioração do inhame branco. Cresce e espalha-se no meio, utilizando assim os recursos do meio, o que faz com que não seja propício a entradas tardias no meio. Assim, este estudo revelou que Bacillus subtilis e licheniformis podem ser um agente antifúngico muito eficaz no controlo da podridão fúngica do inhame branco (Dioscorea spp) devido à sua capacidade de antagonizar organismos fúngicos. Estes bacilos podem ser utilizados para conservar o inhame durante o armazenamento, uma vez que demonstraram a sua capacidade de antagonizar os fungos de deterioração do inhame branco.

RECOMENDAÇÃO

Este estudo recomenda que se faça mais trabalho sobre a atividade antifúngica de Bacillus utilizando outras culturas alimentares.

O Bacillus pode ser utilizado como fungicida para controlar as actividades dos fungos de deterioração no inhame branco. Ao produzir este fungicida, o industrial pode criar um suporte adequado para o organismo, uma vez que a atividade antifúngica foi fortemente demonstrada pela biomassa de Bacillus, tal como revelado por este estudo.

O industrial pode tirar partido deste crescimento rápido e produzir biomassa suficiente em suportes adequados, que pode ser aplicada aos inhames como molhos ou pulverizações, da mesma forma que os fungicidas químicos. Isto será benéfico para o processador de alimentos que utiliza o inhame como matéria-prima principal, pois foi estabelecido que os celeiros e fungicidas tradicionais estão repletos de deméritos.

REFERÊNCIAS

Afoakwa, E. O. e Sefa-Dedeh, S. (2001): Composição química e alterações de qualidade que ocorrem nos tubérculos de Dioscorea dume torum pax após a colheita. Food Chemistry 75:85-91.

Basha, S. e Ulaganathan, K. (2002): Antagonismo de espécies de Bacillus (estirpe BC121) em relação a Curvularia lunata. Current Science. 82(12): 1457-1462.

Bencini, M.C. (1991). Tecnologias de pós-colheita e processamento de alimentos básicos africanos: um compêndio técnico. Boletim dos Serviços Agrícolas No. 89. FAO, Roma.

Bottone, E.J. e Peluso, R.W. (2003): Produção por Bacillus pumilus (MSH) de um composto antifúngico que é ativo contra espécies de Mucoraceae e Aspergillus. J. Med. Microbiol 52(1):69-74

Bukar, A., Mukhtar, M.D. e Adamu, S. (2009): Isolamento e identificação de fungos de deterioração pós-colheita associados a laranjas doces (Citrus sinensis) comercializadas na metrópole de Kano. Bayero Journal of Pure and Applied Sciences, 2(1):122 - 124

Cohn, F. (1872): Untersuchungen uber Bakterien. Beitrage zur Biologie der Pflanzen Heft 2(1):127-224.

Constantinescu F., Tomescu A., i esan T.E. e i tirbu P.M (2011): Biocontrolo de fungos transmitidos pelo solo na cultura do tomate utilizando estirpes benéficas de Bacillus subtilis.

ISHS Ata Horticulturae 914: III Simpósio Internacional sobre Doenças do Tomateiro. 92 (1) Ischia Itália

Dumont, R.; Vernier, P. (2000). "Domesticação do inhame (Dioscorea cayenensis-rotundata) no grupo étnico Bariba no Benim". Perspectivas da Agricultura 29: 137.

Ezeibekwe I.O e Ibe A.E (2010): Organismos fúngicos associados à podridão do inhame no estado de Owerri Imo da Nigéria. Jornal de genética molecular 2 (1) 1-5

Ezeike G.O.I., (1995). Successful introduction of improved yam storage methods for Nigerian farmers (Introdução bem sucedida de métodos melhorados de armazenamento de inhame para agricultores nigerianos). Procedimentos do Workshop sobre a Experiência Africana no Desenvolvimento de Tecnologias Pós-Colheita, Accra (Gana), 4-8 de julho de 1994. Editado pela FAO, Roma.

FAO (1989): Roles of rot tuber crop in food security in sub sahara Africa. Livro anual de proteção alimentar 43;14

FAO (1989): Roots, Tubers, and Plantains in Food Security: In Sub-Saharan Africa, in Latin America and the Caribbean, in the Pacific".

FAO (1998): Armazenamento e transformação de raízes e tubérculos nas regiões tropicais

Organização das Nações Unidas para a Alimentação e a Agricultura (FAO) (1990). Programa de Ação para a Prevenção de Perdas de Alimentos, Melhoria do Manuseamento, Armazenamento e Conservação Pós-Colheita 73

Processing of Root and Tuber Crops, Roma.

Organização para a Alimentação e Agricultura (FAO) (1998). Storage and Processing of Roots and Tubers in the Tropics (Armazenamento e Processamento de Raízes e Tubérculos nos Trópicos). Calverley, D.J.B. (ed.).

Graumann, .P. (editor). (2012): Bacillus: Cellular and Molecular Biology (2ª ed.). Caister Academic Press.

Grolleand, M. (1997): Overview of the phenomenon of losses during the post harvest. Repositório da FAO

Handelsman, J. e Stabb, E.V. (1996): Biocontrole de patógenos de plantas transmitidos pelo solo. Plant Cell. 8:1855-1869

Jamil, B. (2007): Isolamento de Bacillus subtilis MH_4 do solo e seu potencial de produção de antibióticos polipeptídicos. Pak. J Pharm. Sci. 20(1): 26-31.

Katz, E. e Demain, A. L. (1977). Os antibióticos peptídicos de Bacillus: química, biogénese e possíveis funções. Bacteriol Rev 40, 449-474.

Korada, R.R, Naskar, S.K e Edison, S. (2010): Pragas de insectos e sua gestão na produção e armazenamento de inhame; uma revisão mundial. International Journal of pest management. 56: 4

Kugler, M., Loeffler, W., Rapp, C., Kern, A. e Jung, A. G. (1990). Rhizocticin A, um fosfono-oligopeptídeo antifúngico de Bacillus subtilis ATCC 6633: propriedades biológicas. Arch Microbiol 153, 276-281.

Lebbadi, M., Galvez, A., Maqueda, M., M artinez-Bueno, M. e Valihuia, E. (1994). Fungicina M4: Um antibiótico peptídico de espetro estreito de Bacillus licheniformis

M-4. J Appl Bacteriol 77, 49-53.

Madigan, .M. e Martinko, .J. (ed). (2005): Brock Biology of Microorganisms (11ª ed.). Prentice Hall.

Mateescu, R.. Cornea, C.P, Grebeniian, I, Bi beanu, N e Campeanu, G (2004): Atividade de biocontrolo in vivo de estirpes de Bacillus spp. sobre Alternaria tenuis. Grebenisan RBL. 9

Melent'ev, A.I, Helisto, P, Kuz'mina, L.U, Galimzianova, N.F, Aktuganov, G.E e Korpela, T (2006): Aplicação de Bacillus-antagonistas para o biocontrolo de fungos que degradam a madeira em bruto. Prikl Biokhim Mikrobiol. 42(1):70-75.

Mitchell R. e Alexander M (1962): Lise de fungos do solo por bactérias. Can. J. Microbiol, 9. 169-177

Morikawa, M (2006): Formação de biofilme benéfico por bactérias industriais: Bacillus subtilis e espécies relacionadas. Journal of Bioscience and Bioengineering. 101(1): 1-8

Ofor, M.O., Oparaeke, A.M. e Ibeawuchi, I.I.(2010): Indigenous Knowledge Systems for Storage of Yams in Nigeria: Problems and Prospects. Investigador. 2(1):51-56.

Okigbo R.N (2005): Controlo biológico da podridão fúngica pós-colheita do inhame com Bacillus substilis; Mycopathologia Vol 159 (2) 307-314

Okigbo R.N. e Emeka I.A (2005): Controlo da podridão do tubérculo do inhame com extractos de folhas de Xylopia aethiopica e Zingiber officinale. Jornal Africano de Biotecnologia. 4 (8):804-807

Osunde Z. D, Yisa M.G e El-Okene A.M (2003): Alterações de qualidade do inhame em diferentes estruturas de armazenamento. Actas da Quarta Conferência Internacional e da 25ª Reunião Geral Anual da Instituição Nigeriana de Engenheiros Agrónomos, realizada em Damaturu 25, 206-212.

Osunde Z. D. e Orhevba B.A (2009): Effects of storage conditions and storage period on nutritional and other qualities of stored yam (Discorea spp.) tubers, AJFAND9(2):678 - 690.

Osunde Z.D (2008): Minimização das perdas pós-colheita no inhame (Dioscorea spp.): Treatments and Techniques. Capítulo 12 de Using Food Science and Technology to Impro ve Nutrition and Promote National Development, Robertson, G.L. & Lupien, J.R. (Eds), International Union of Food Science & Technology.

Ray, R.C.(2000): Microorganismos associados à deterioração pós-colheita do inhame. Annals of Tropical Research 22.1 (Centro Regional de Culturas Centrais de Tubérculos)

Research Inst., Dumduma Housing Board, Bhubaneswar - 751019, Orissa (Índia) Ryan K.J e Ray C.G (editores) (2004): Sherris Medical Microbiology (4ª ed.). McGraw Hill.

Serge T. e Agbor-Egbe T (1996): Alterações bioquímicas que ocorrem durante o crescimento e armazenamento de duas espécies de inhame. Jornal Internacional de Ciência Alimentar e Nutrição 47, 93-102.

Shosi, J. (1978). Estudos químicos recentes sobre antibióticos peptídicos do género Bacillus. Adv Appl Microbiol 24, 187-214.

Silo-Suh, L. A., Lethbridge, B. J., Raffel, S. J., Clardy, J. & Handelsman, J. (1994). Actividades biológicas de dois antibióticos fungistáticos produzidos por Bacillus cereus UW 85. Appl Environ Microbiol 60, 2023-2030.

Swain M.R, Ray R.C e Naut iyat C.S (2008): Biocontrol efficacy of Bacillus subtilis strains isolated from cow dung against post harvest yam pathogens. Microbiologia atual 67 (5):407-411

TodarK (2011): Livro de texto online de bacteriologia Todar

Trachuck L.A, Shemiakina T.M. Chestukh ina G.G e Stepanov V.M (1996): Biokhimiya 61. 357-368

Turnbull P.C.B (1996): Bacillus. In: Barron's Medical Microbiology (Baron S eds.) (4ª ed.). Univ. of Texas Medical Branch.

Ugwanyi J.O e Obeta J.A.N (1996): Fungi associated with storage rots of cocoyams em Nsukka, Nigéria. Mycopathologia 134 (1) 21-25

White, L.D. (2003). Plantas de canoa do antigo Havai: Uhi publ.

MIX
Papier aus verantwortungsvollen Quellen
Paper from responsible sources
FSC® C105338

Printed by Books on Demand GmbH, Norderstedt / Germany